尊重式育儿

超实用的轻松育儿实操图文攻略

诗遥一妈 著

中国妇女出版社

图书在版编目（CIP）数据

尊重式育儿 ：超实用的轻松育儿实操图文攻略 / 诗遥一妈著. -- 北京 ：中国妇女出版社，2021.1
ISBN 978-7-5127-1934-7

Ⅰ.①尊… Ⅱ.①诗… Ⅲ.①婴幼儿－哺育－基本知识 Ⅳ.①TS976.31

中国版本图书馆CIP数据核字（2020）第231719号

尊重式育儿——超实用的轻松育儿实操图文攻略

作　　者：诗遥一妈　著
责任编辑：应　莹　张　于
封面设计：尚世视觉
责任印制：王卫东
出版发行：中国妇女出版社
地　　址：北京市东城区史家胡同甲24号　　邮政编码：100010
电　　话：（010）65133160（发行部）　　65133161（邮购）
网　　址：www.womenbooks.cn
法律顾问：北京市道可特律师事务所
经　　销：各地新华书店
印　　刷：三河市祥达印刷包装有限公司
开　　本：165×235　1/16
印　　张：18.25
字　　数：185千字
版　　次：2021年1月第1版
印　　次：2021年1月第1次
书　　号：ISBN 978-7-5127-1934-7
定　　价：69.80元

来自爸妈们的推荐语

以前，我每天喂奶16次以上，奶睡、过度喂养、孩子胀气难受哭闹，我别无他法，这一度让我陷入产后抑郁。自从遇见一妈，戒奶睡，轻松哄睡，孩子和我的睡眠质量都提高了，终于享受到育儿的快乐。

方子道妈妈
北京风行知识产权公司运营总监、“静子访谈录”创始人

从筋疲力尽的无规律喂养到如今的规律作息，我终于有时间体会做母亲的幸福时光，一妈在，没意外。

卷卷妈妈
老师

集众家所长，不激进，不保守，理性、温和、有效。理论扎实，实操度满分，拿到就可以上手实践，360度无槽点。

娜妈
新加坡前金融500强CEO Office，现“自在Ashley”创始人

遇见一妈，我才知道养娃可以不用“熬”！

甜筒妈妈
中学语文老师

一妈教会我尊重孩子，也让孩子更信任我。一本值得一刷、二刷、三刷的新手爸妈入门书。

鱼儿妈妈
老师

真幸运，我遇到“诗遥一妈育儿”公众号，这里有大量“天使妈妈”的经验分享。这群“天使妈妈”的目标不是训练宝宝睡觉，而是让宝宝真正享受“吃好、玩爽、睡香”的生活，让爸爸妈妈体验育儿乐趣。

糖小豆妈妈
护士

曾经的我忙得连饭都吃不上，幸好一妈的“尊重式育儿”的思路点醒了我。如今，我收获了作息规律、爱笑的“天使宝宝”，独自带两个孩子也能从容应对。

ちょうちょ（蝴蝶）妈妈
日本全职主妇

闺女出生后，我们按照一妈的尊重式规律作息来引导孩子的作息。现在育儿成了非常愉悦的事。感谢规律作息，给我带来很棒的人父初体验。

珈余爸爸
水利工程师

后悔没早点儿接触到“尊重式育儿”。当初宝宝哭，大人累，是“尊重式育儿”让我能读懂宝宝，让宝宝更有安全感。

团团妈妈
会计

在一妈的帮助下，我收获了“天使宝宝”。在充斥着碎片化信息的时代，这本书中完整的知识体系显得弥足珍贵。

桃桃妈妈
银行员工

曾经宝宝无止境的哭闹让我疲惫不堪，每晚刀疤隐隐作痛还要不停喂奶，心情烦躁，看什么都不顺眼！直到遇见了一妈，宝宝自主入睡、夜晚可以一觉睡8～9小时。

——妈妈
电商从业者

育儿博主那么多，我们选择一妈的主要原因：实操性强。这本书里的方法我们都能现学现用，它像一本秘籍，孩子每个阶段的问题都可以从中找到答案。正是因为这些实操方法，小团子早早就自主入睡，三个月就睡整觉，自己断了夜奶，成为“天使宝宝”。

小团子妈妈
新加坡hana studio摄影工作室创始人

小团子爸爸
新加坡销售工程师

非常感谢一妈把我从抑郁中解救出来，让我娃两个多月的时候就能一觉睡7个小时。婆婆也从对规律作息深表怀疑，到爱上规律作息，全家都切身地感受到规律作息所带来的福利，整个家庭其乐融融。

小地瓜妈妈
税务师事务所工作者

没人能一直帮你解决问题，只有自己学会了分析和解决的办法才是最重要的，一妈的书将会成为你育儿道路上的明灯，带你深入剖析现存的问题，然后逐一击破。

阿猪妈妈
老师

一妈的文章让我非常有共鸣，她没有要求你必须怎么做，而是反复强调要寻找并尊重孩子的规律。

爆米花妈妈
事业单位工作者

产后最幸运的事情莫过于结识了一妈，原来我也可以准确理解宝宝的需求，心与心的距离可以离得那么近。

汤圆妈妈
全职妈妈

当父母或许不需要考试，但需要像对待任何一次考试那样备考，而备考资料，必须是一妈的“尊重式育儿”。

丢丢妈妈
全职妈妈

卷卷两个月左右的时候，因肠绞痛整晚哭闹，我深夜对着窗户发呆流泪，感觉未来无望，幸好遇见一妈实用的育儿方法，震撼我心！在卷卷身上实践了一周，立马就有了效果！一妈拯救了我，也让我的宝宝更有安全感，给我们全家更多的快乐！

卷卷妈妈
税务局工作者

自序

作为一位妈妈，我关心的是如何成为一个尊重孩子成长规律的妈妈。

作为一位作者，我关注的是如何通过我的文章帮助更多新手爸妈享受“尊重式育儿”的快乐。

作为一位“尊重式育儿”的研发者，我希望能有越来越多的人学会这么棒的育儿理念。

在汇集了上万位新手妈妈的群里，有一句让我印象很深的话：养娃是一门“玄学”。

比如，很多妈妈都听过这样的话：“孩子哭了，你赶紧喂奶！”孩子哭了只能靠喂奶解决吗？有时喂奶好像确实能让孩子停止哭泣，但是有时喂奶反而让孩子哭得更厉害了。孩子到底为什么哭？我到底该不该喂？该怎么喂？这像是一门“玄学”。

比如，很多人会说：“忍一忍吧，孩子大了就好了，大家都是这么熬过来的！”可是，到底要熬到什么时候？真的什么都不用做，只要苦熬，孩子就能自己变好吗？这像是一门“玄学”。

比如，其他人的孩子天生就是“天使宝宝”，他的妈妈好像什么都没做，孩子就不哭不闹、不用哄睡、早早断夜奶、睡整觉，为啥我运气这么差，遇上一个哭闹不休，每天晚上醒N次的高需求宝宝？这像是一门“玄学”。

很多新手妈妈就在这样的旋涡中自我质疑，每天活得备受煎熬、提心吊胆。有的妈妈甚至自己给自己装上道德枷锁，用“我是给孩子母爱和安全感”给自己猛灌“鸡汤”，孩子一哭就喂，全天把孩子挂在身上，遇见问题就苦熬，把本该亲密、舒适的育儿生活变成了完全失控的苦情独角戏。

但是，育儿真的是门“玄学”吗？

靠爱“发电”，孩子就有“安全感”吗？

新手爸妈除了“苦熬”就没有别的更好的方法了吗？

我想告诉你：作为妈妈，你首先是一个“人”。每个人都会有体力与情感的承受极限。当育儿变成一门“玄学”，当你仅凭感情和直觉行事，你很快就会陷在焦虑的旋涡里。当你的情感和精力被耗尽，你怎么可能保持轻松愉快的心态去看待育儿这件事呢？你的孩子又怎么可能在轻松愉快的环境中生活呢？生活环境压抑焦虑，又何谈给孩子“安全感”呢？

育儿这件事从来不是父母单方面付出的苦情独角戏，我们要把育儿看成一场高度默契的对手戏。你在影响孩子的同时，孩子也在影响你，你们彼此都在学习如何尊重对方，如何找到一份默契，如何将这份亲子关系变得轻松愉快。

尊重式育儿，就是帮助你与孩子建立默契的有效方法。

当你捕捉到孩子的需求规律，并且尊重孩子的需求表达时，你会发现除了“苦熬”和“一哭就喂”以外，你还有更多优质的选择。

当你冷静下来，认真观察，细心分析，提前计划后，你会发现“办法总比问题多”。你完全可以做到与孩子彼此放过，一起去享受育儿生活。

正如爱因斯坦所说：“科学研究能破除迷信，因为它鼓励人们根据因果关系来思考和观察事物。”尊重式育儿与规律作息之所以成为科学育儿的底层逻辑，是因为它鼓励家长在育儿时冷静地观察、科学地分析、寻找各种表象问题之间的因果联系，而不是靠猜、靠蒙、靠迷信。

本书通过“尊重式育儿”这一整套环环紧扣的科学方法，稳扎稳打地把育儿“玄学”变成“科学”，最终把“科学”变成为人父母的“哲学”。

在过去三年里，我的文章在全网总阅读量突破5000万次，我也因此收到了上万个咨询问题和咨询案例。在这些留言与案例中，我看到很多爸爸妈妈都纠结、焦虑孩子的睡眠问题，并且特别容易在睡眠上钻牛角尖。爸爸妈妈被孩子的哭闹折磨得急功近利，陷入“头痛医头，脚痛医脚”的碎片化学习，最终不是用极端的方式在孩子的哭闹中强行掰正睡眠习惯，就是放弃“冷静分析解决问题”，转向“靠爱发电式苦熬”。这就好比盲人摸象，没有科学的育儿思维，拿着放大镜趴在大象身上找问题，最终得到的结论也是无效的。

尊重式育儿基础之上的规律作息，就是在努力把新手爸妈们往回拉一步，退回到作息这个视角，从系统的角度建立底层思维，形成逻辑闭环，重新用科学的方法对孩子全天的问题进行审视。先从大方向入手帮助孩子找到自己的生物节律，等孩子作息稳定、情绪良好、父母对孩子需求判断相对准确后，再去拆解、细化、改善一些不良习惯，减少过度干预，给孩子独立解决问题的机会，最终与孩子形成一种基于尊重、理解的健康、安全的亲子关系。

这份亲子关系，温和而坚定，亲密而理性，既能满足孩子与父母的情感需求，又能给孩子留下独立成长空间。

在帮孩子建立规律作息的同时，妈妈将注意力转移到自己身上，不仅尊重孩子的需求，也尊重自己的需求。

有些人断章取义地认为规律作息是对孩子的训练，这是非常错误的认知！真正的规律作息绝对不是对孩子的训练，而是对新手爸妈的思维训练。通过对新手爸妈思维方式的训练，帮助父母建立“1456尊重式育儿底层逻辑”，学会换位思考，用系统、温和、尊重孩子的科学方法，引导孩子建立人生中的第一个好习惯。尊重式育儿规律作息不是让你去训练孩子，而是让你改变自己的观念与行为方式，育儿先育己。

如果你想要一个每天乐呵呵、吃得饱、玩得好、睡得香、有安全感的“天使宝宝”，请先把自己培养成真正知道该如何爱宝宝、懂宝宝、尊重宝宝的“天使爸妈”。

众多领悟了尊重式育儿真谛的“天使爸妈”都会发出这样的

感慨："当我能够捕捉到孩子的需求规律，当我尊重孩子的需求表达和所思所想，当他的全天作息变得有章可循时，我发现我开始和孩子有默契了：我可以在孩子哭之前，准确判断他的需求是什么，并且及时满足他。孩子再也不需要用哭这种方式唤醒我的大脑，只需要一个眼神、一个动作，我再看上一眼时间，就可以神奇、准确地做出判断！这种超级技能让我作为父母，非常自信，非常有成就感！"

很多"天使爸妈"因此激动地写下长长的经验帖，迫不及待地向身边所有亲戚朋友推广尊重式育儿与规律作息。他们惊诧这样好的育儿方法竟然时至今日还只在小范围流传；他们惊诧目前市面上的育儿谣言那么多，给"涉世未深"的新手爸妈埋下那么多隐患；他们更惊诧曾经在别人经验帖里才能看到的"天使宝宝"原来不是天生的，而是得益于他们背后都有爱学习、爱思考、懂得如何爱孩子的"天使爸妈"。

这些爸爸妈妈非常享受尊重式育儿带给自己的轻松育儿生活，非常享受与孩子充满默契的亲子关系，非常享受孩子被频频夸赞为"天使宝宝"的成就感。

在这里衷心期望每位使用本书的新手爸妈：不要焦虑，静下心来好好阅读本书，让我们一起把育儿的"玄学"变成"科学"，当你成功收获"天使宝宝"之时，你也将收获一份为人父母的"哲学"。

诗遥一妈

2020年12月

致谢

本书能够顺利完成，“尊重式育儿”的理念能够受到众多爸爸妈妈的欢迎，不是我一人之力可以为之。这里要特别感谢以下这些人的默默支持：

感谢“诗遥一妈育儿”特邀首席咨询师呱妈，她总结了近万份一对一咨询案例，为本书提供了非常坚实的实践基础。感谢“诗遥一妈育儿”特邀作者、来自新加坡的高知妈妈娜妈，她在本书的逻辑结构上给出了非常详细的建议。

感谢壹壹妈妈、小团子妈妈爸爸、可乐妈妈、心宝妈妈、汤圆妈妈、七七妈妈、曦曦妈妈、可乐妈妈、JOJO妈妈、煜鑫妈妈、悠悠妈妈、多多妈妈、道儿妈妈、糯米妈妈、桃桃妈妈、团团妈妈、洋洋妈妈、松果妈妈、小秋妈妈、方子道妈妈、卷卷妈妈、子伊妈妈、Alex妈妈、糖小豆妈妈、ちょうちょ（蝴蝶）妈妈、妞妞妈妈、毛毛妈妈、淘桃妈妈、扬扬妈妈、扬扬爸爸、珈余爸爸、周周妈妈、一一妈妈、鱼儿妈妈、啾啾妈妈、小地瓜妈妈、阿猪妈妈、芮芮妈妈、爆米花妈妈、洛汐妈妈、熠安妈妈、皮皮妈妈、甜筒妈妈、丢丢妈妈、稳稳妈妈、锡锡妈妈等众多家长的支持鼓励。感谢妈妈群里上万位“天使妈妈”，感谢她们大量的实操反馈、视频图片资料以及对书中具体方法的完善与总结。这本书集合了众多爸妈的共同思考、反复实践、热烈讨论得出的宝贵经验。感谢那些热情向身边人宣传“尊重式育儿”理念的爸爸妈妈们。

感谢我的爸爸妈妈、公公婆婆，在我写书之际给出的支持与照顾；感谢我的爱人王老师，在我最困难无助时给我关怀、理解与包容；感谢我的孩子一妞，她的诞生赋予了我一份热爱的事业，改变了我的人生轨迹，她的成长也在不断激励我成长为更好的自己。

目录

第1章

新手爸妈第一课：尊重式育儿

第2章

读懂你的宝宝，满足你的宝宝

第3章

真正的按需喂养

第4章

RAIN尊重式照料及早教

第5章

甜睡宝贝的陪伴式睡眠引导

第6章

不同月龄宝宝的作息要点

第7章

“天使妈妈”的生活管理术

新手爸妈第一课：尊重式育儿

很多新手妈妈在生完宝宝后，发现自己的生活失控了。每天都感觉时间不够用，睡眠严重不足；总是搞不懂孩子在想什么，需要什么；家庭关系一团乱麻，争执、矛盾不断……

于是，她们开始疯狂地寻找科学育儿的线索，搜索到一堆碎片信息，看似学到了很多知识，但是到了实操过程中，依旧一头雾水，完全不知如何下手。

为什么会这样呢？因为，育儿的起点错了。

很多妈妈以为碎片化的科普知识就等于科学育儿；以为育儿这件事可以直接套用他人的经验；以为育儿的对象是孩子，而育儿的终极目标是孩子不哭不闹。

然而，事实并非如此。育儿不是碎片化知识的堆积，而是尊重孩子的自身特点，找到自己的育儿风格，形成自己独家的知识体系。育儿先育己，想要收获“天使宝宝”，请先成为“天使爸妈”。育儿的对象实质上是父母自己。

本章将讲解什么是“尊重式育儿”，如何做权威型父母。“1456尊重式育儿底层逻辑”将为新手爸妈指明方向，让你初步远离焦虑，冷静地思考如何面对有孩子以后的生活。

以孩子为中心？错！错！错！

孩子诞生，全家欢腾。每个人都在热情地欢迎这位家庭新成员，抢着围在孩子身边转，这位新成员成为家庭的中心，这就衍生出特别常见的“以孩子为中心”的育儿方式。

“以孩子为中心”的育儿误区

“以孩子为中心”的育儿方式对于孩子和家庭都毫无益处。因为它存在两大误区：

误区一：所有人都在围着这个小宝宝转。

误区二：夫妻双方因为这个新成员的到来，忽略了对原本夫妻关系的维护，错把亲子关系放在了第一位。

那么，一个正确的家庭关系应该是什么样的？

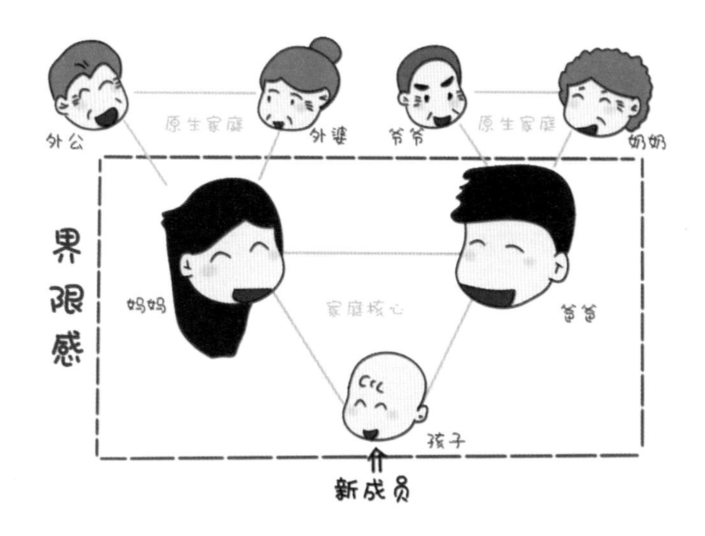

如图所示，由妈妈、爸爸、孩子构成等边三角形的家庭模式才是最稳固的核心家庭模式。

但是，我们很容易在孩子出生后忘记一个家庭本来的模样，而把注意力全放在了孩子身上。当“以孩子为中心”成了常态，我们就会忘记家庭的基石是婚姻，夫妻关系才是家庭生活中最重要的关系。

“以孩子为中心”的不良影响

影响一：以自我为中心，只知索取

当一个家庭把亲子关系放在首位，全家人都以孩子为中心，尽管家人的出发点是好的，这样的做法却会不断强化一个错误——不断地给予，只会让孩子变成不断索取的人，而不是乐于给予的人。

孩子需要从出生就建立这样的观念：他也是家庭的一分子，需要适当地放下自我融入家庭里，也需要为这个家庭贡献自己的力量。

一个从小生活在“以孩子为中心”的家庭模式中的孩子，进入学校、社会后，才发现自己从小在家里接受的观念是错的。当他遇到各种挫折之后，才意识到自己并不是世界的中心，只能在痛苦中挣扎成长，直到扔掉以自我为中心的想法，补上父母没有教给他的这一课，放下自我融入这个社会。

而一个从小就融入家庭，把自己当作家庭的一分子的孩子，会把在家里学到的观念，运用到不断扩大的人际关系中。他可以少走很多弯路，并且明白索取和给予是平衡的。

影响二：不健全的安全感

有的育儿观点认为：孩子的安全感来自拥抱、母乳、背巾等具体形式。但这些只是表达爱的基本方式，不是给孩子创造安全感的必要条件。

对于一个母乳状况糟糕的妈妈来说，让她误以为母乳等于母爱，被道德制高点上的舆论裹挟而抑郁、绝望，孩子难道不会感觉到妈妈的情绪吗？在这样的焦虑情绪下，孩子怎么可能建立起健康的安全感呢？

对于一个疲惫不堪的妈妈来说，要求她忽略自身的感受，让她永远精力充沛地耐心处理孩子的频繁夜醒和哭闹，怎么可能呢？她连自己都照顾不好，哪里来的力气给孩子真正的安全感？

其实孩子的安全感很简单，就是让他知道世界是安全的。

那么，什么样的世界是安全的呢？稳定有爱的世界。真正能给孩子提供稳定有爱的世界的前提是：

1.夫妻关系和谐交融，夫妻观念一致，家庭氛围温馨。

2.家庭成员（尤其是妈妈）情绪愉悦稳定、精力充沛。

如果能做到以上两点，父母向孩子表达爱的方式就不会仅仅局限于母乳、背巾、拥抱等单调的形式。父母的每一句话、每一个表情、每一个动作，甚至是呼吸间都充满爱的味道。

1456 尊重式育儿底层逻辑

有的新手爸妈认为育儿的对象是孩子，热衷用各种方法“套用训练”自己的孩子。在这里我想颠覆新手爸妈的观念：育儿的对象不是孩子，而是爸爸妈妈自己。新手爸妈要通过训练自己，学会更好地与孩子相处，让自己对孩子的需求的判断既敏锐又准确。

那么该怎么做呢？我从思路、准则、方法、反思四个方面进行了全方位的总结，将其命名为“1456尊重式育儿底层逻辑”。

1 个尊重式育儿思路

“想要收获‘天使宝宝’，必须先成为‘天使妈妈’！”

要知道父母的任何行为，不管是有意识的还是无意识的，都会对孩子产生影响。孩子会根据父母的行为，相应调整他自己的行为。婴儿的生活习惯其实就是父母的生活习惯的映射。

我们看到某些父母仿佛没有做太多的功课，孩子却作息规律，全天乐呵呵的。如果你去问他们是怎么做到的，他们也说不出所以然来。但是，仔细观察这些幸运的父母的特点，我们又能若隐若现地发现一些隐藏在背后的“小秘密”：这样的父母往往比较淡定，他们自身的生活习惯原本就比较有规律，甚至他们可能还有点儿小

懒，不会纠结细节，也不会敏感多疑。

他们虽然没有刻意做什么努力，甚至没听说过“尊重式育儿”，但是他们自身有规律的喂养行为，本身已经在悄悄地影响着孩子了。这是一种当事者难以发现的“无意识的巧合”，因为育儿行为的一致性和规律性已经成为他们的日常习惯，他们甚至不会觉得这有什么特别。所谓最强大的教育都是在不经意间的点滴滋润。你看到的“运气好”，背后都有一定的必然原因。

但是这并不意味着我们不需要学习，反而说明与其把希望寄托在“无意识的巧合”上，不如把这种“巧合”变成必然。我们在引导孩子规律作息之前，首先要对自己进行剖析：我是什么风格的父母？我的执行力如何？我的预期和我的执行力是否匹配？

在今后漫长的为人父母之路上，我们会越来越深刻地体会到“育儿先育己”的含义。与其说我们在培养孩子的规律作息，不如说，我们在训练自己用“尊重式育儿”的思维理解孩子。

研究表明，婴儿的某些特征与父母行为相互协调，有助于婴儿与父母及他人建立社会关系，如下图所示。

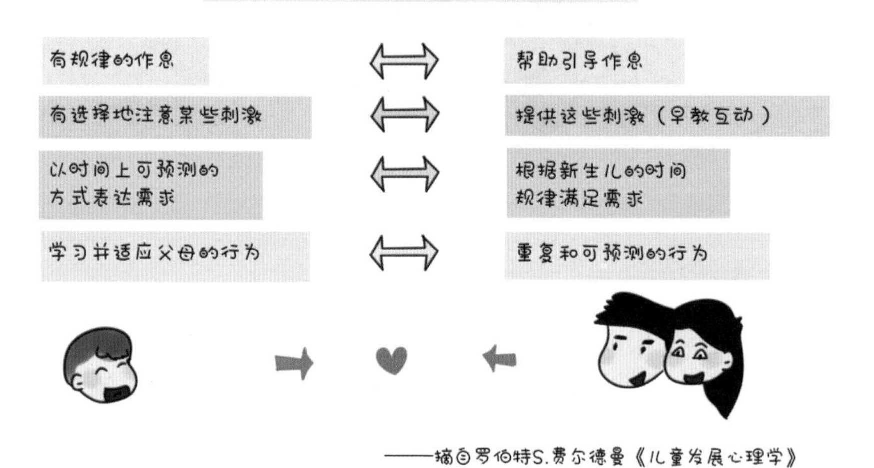

——摘自罗伯特S.费尔德曼《儿童发展心理学》

我们从图中可以看出，当父母帮助孩子调节生活节奏的时候，孩子会呈现出有规律、有组织的生活状态。当父母根据孩子的时间规律调整他的行为时，孩子也会以在时间上可预测的行为规律去回应父母。当父母的行为都是重复可预测的时候，孩子会学习并适应父母的行为。

所以父母怎么喂奶、什么时间段喂奶，如何哄睡、什么时间点哄睡，这些行为，不管父母是有意识的还是无意识的，都会对孩子日常作息产生巨大的影响，孩子会根据父母的行为做出相应的回应。

既然如此，我们为什么不对自己的行为和观念进行“训练”，让自己先蜕变成“天使爸妈”呢？

4 条尊重式育儿行为准则

准则一：保持一致性，建立健康的安全感

家庭成员的育儿观念要保持一致，不要变来变去，一会儿用这个方法，一会儿用那个方法。不一致的观念，会让孩子夹在家庭成员中间，被不断地撕扯，孩子要么很痛苦，要么变成墙头草。父母的言行尤其要一致，方便孩子理解父母的行为。

准则二：预报自己的行为，重视沟通互动，多去倾听孩子的“语言”，并及时回应

向孩子预报你的行为，比如换尿不湿、喂食、洗澡时，告诉孩子你接下来的动作及目的；比如准备带孩子外出时，提前告知孩子当日行程和注意事项；比如离开孩子前，告诉孩子什么时间归来。我们要把孩子当作一个有思想的独立个体，要重视沟通互动的质量。有的妈妈说，孩子还很小，根本不会说话，怎么沟通；有的妈妈会说，孩子那么小，没必要事事向他说明，他也听不懂。其实孩子的学习能力是非常强大的，他虽然不会说话，但是会用肢体表情等其他“语言”来回应你；他虽然还小，但也有资格知道即将发生的事情。

引导孩子规律作息，建立稳定的生活节奏，并且在每一项活动开展之前预报行为，这会让孩子对未来充满确定性，这才是给孩子提供稳定可靠的生活环境，进而建立安全感最有效的方法。

准则三：不过度干预，给孩子留下自己解决问题的机会

孩子作为一个值得尊重的独立个体，需要拥有自己的独立空间。

“尊重”这个词背后有几层含义：有礼貌地对待、不被侵犯、保持界限感。

当你和孩子在一起时，请设定一个界限，在这个界限范围内，你可以默默地观察孩子。当孩子提出需要你的帮助时，你可以给予他适度的帮助，但不要大包大揽地过度干预。

换位思考一下，如果你全天都被人以“爱”的名义束缚，当你每次想要静静地研究一件物品或者想要尝试自己解决一个问题时，都会被人简单粗暴地干预，霸道总裁式地包办你的所有事情，你的能力不被认可，你会有什么样的感受？你会觉得自己被尊重吗？不，你只会觉得被束缚、被控制、被侵犯。

真正的爱，是懂得适时放手。

准则四：学会换位思考，认清自己的角色定位，从孩子的视角出发

这条准则提醒父母在与孩子互动的过程中，要学会放慢脚步，尊重成长规律，父母要多从孩子的视角出发，对这个世界充满探索欲望，这样才能真正做到富有同理心地与孩子平等交流。

当你在与孩子互动时，会遇上不同的场景，你需要找准自己不同的角色定位。

- 照料孩子的日常生活时，你的角色定位是照料者，你需要保持冷静，细心观察分析，及时、准确地满足孩子的需求。

- 与孩子互动游戏时，你的角色定位是伙伴，你需要换位思

考，以孩子最熟悉的方式进行互动。

● 当孩子独立玩耍时，你的角色定位是陪伴者，你只需要静静地在一旁陪伴，减少不必要的干预。

● 当孩子睡觉时，你的角色定位是室友，不要过于敏感、过度干涉，进而给孩子制造额外的睡眠障碍。

● 当你在搭建孩子的生活空间时，你的角色定位是设计者，你要排除一切危险因素，并留下一些在孩子能力范围内能解决的问题，给孩子机会学习独立解决问题。

每一个角色都要求你能换位思考，明确自己的界限。

5 大尊重式育儿科学方法

我和我的团队在积累了国内上万个咨询案例后，研发了一整套科学的育儿方法。

方法一：抓大放小法

当你遇见一堆问题纠缠在一起，一团乱麻时，优先找到最重要的大方向问题，把小细节问题放在一边。当大方向问题解决后，很多小细节问题会自然化解。

此法可以用在规律作息初期以及睡眠倒退期。

方法二：清单管理法

处理细节问题时，将问题中重要的影响因素一一列出，并且进行清单归类、筛选、删减，将看似复杂的问题简化，降低处理难度。

此法可以用于改变一些固有习惯，比如哄睡习惯、进食习惯等，也可以用于梳理当日计划。

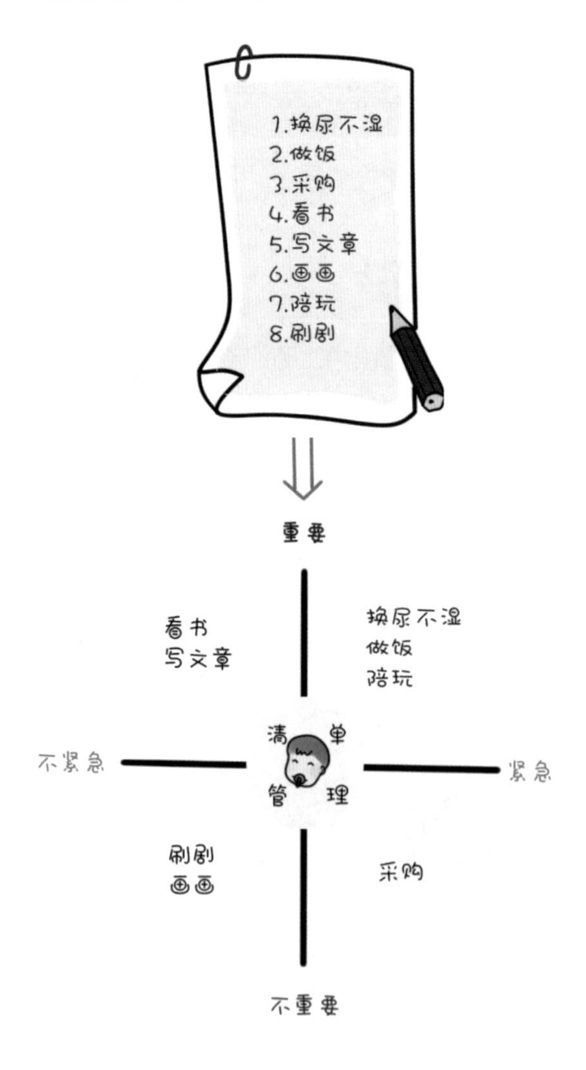

方法三：鱼骨分析法

用鱼骨图将可能有众多原因的表象问题进行拆解分析，并据此来排查问题，找到相应的解决方案。

此法可以用在观察记录孩子问题的表面原因之后，对于一些成因复杂的问题，在不确定成因时排查使用，比如夜醒频繁、昼夜颠倒、小睡短都会用到此法。

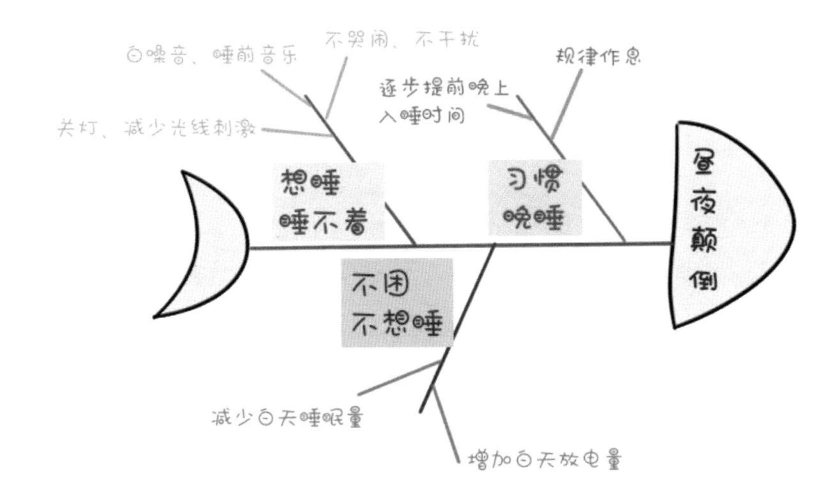

方法四：冰山倒推法

你看到的往往都是问题的表象，而表象就像是浮在水面的冰山一角，还需要进一步向下深入挖掘，找到问题的本质，才有可能从根源解决问题。

此法有助于父母远离“头痛医头，脚痛医脚”的误区。

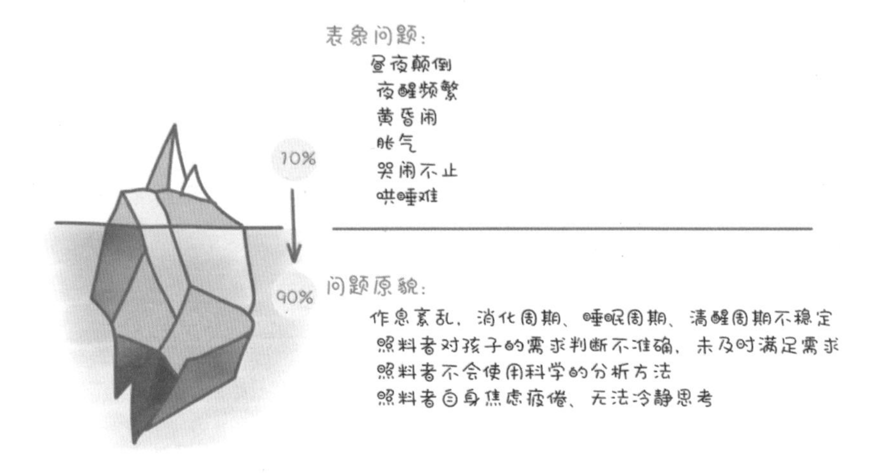

方法五：复盘分析法

孩子不断地成长，发生飞快的变化，父母需要根据孩子的成长调整对应的方案。通过对之前问题的复盘分析，爸爸妈妈会马上知道该从何处入手，而不是焦虑地全盘推翻回到混沌失控的状态。

此法广泛用于睡眠倒退期，亦可作为日常定期使用的方法，比如每周一次或每月一次进行复盘分析。

以上5大科学育儿方法需要在讲师的指导下反复练习才能掌握，实操性较强。由于每个家庭和每个孩子个体差异较大，具体案例使用场景有所不同。在我的公众号“诗遥一妈育儿”中为大家提供了详细的讲解，感兴趣的家长可以关注公众号，回复“1456”获取免费公开课。

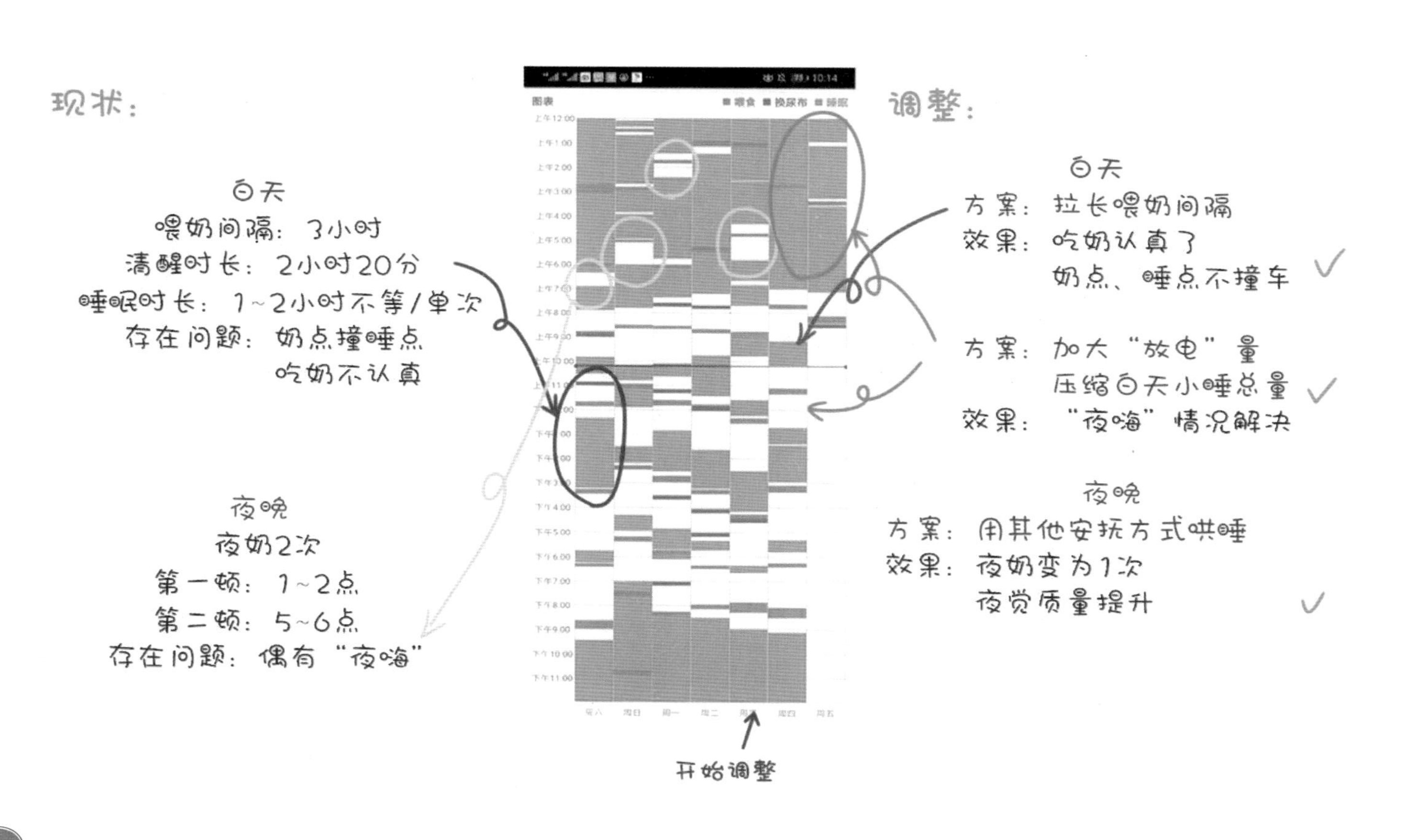

现状：

白天

喂奶间隔：3小时

清醒时长：2小时20分

睡眠时长：1~2小时不等/单次

存在问题：奶点撞睡点

吃奶不认真

夜晚

夜奶2次

第一顿：1~2点

第二顿：5~6点

存在问题：偶有“夜嗨”

图表

喂食

换尿布

睡眠

开始调整

调整：

白天

方案：拉长喂奶间隔

效果：吃奶认真了

奶点、睡点不撞车 ✓

方案：加大“放电”量

压缩白天小睡总量 ✓

效果：“夜嗨”情况解决

夜晚

方案：用其他安抚方式哄睡

效果：夜奶变为1次

夜觉质量提升 ✓

6 重尊重式育儿自我反思

当孩子出现问题时，我们首先要从自身反思，剖析简化问题，而不是随便给孩子贴标签，或者把一些问题归咎于孩子。以下6重自我反思是每位家长在遇到问题时第一时间需要反思的问题。

当妈妈心态不好，处于焦虑情绪中时，即使是小问题也会被无限放大；当妈妈设定不合理的预期时，即使孩子已经表现得很好了，妈妈仍然会认为问题重重。

所以，我们要谨记“尊重式育儿”是在训练家长的思维，绝不是让家长用一些强硬的霸道总裁式的方法去要求、训练孩子。当你遇到问题时，一定要多多进行“六重反思”。

第一重反思：我是否过于敏感，过度干预了？

有些家长过于敏感，一惊一乍，人为干预太多，不给孩子自己成长的机会，反而制造了很多问题。我们应该把“尊重式育儿”看作先做加法再做减法的过程：在孩子已有的不良习惯上，我们做加法，增加新的好习惯；好习惯建立起来后，我们要做减法，去除旧的不良习惯，最终要学会放手，让孩子学习独立自主解决问题。

第二重反思：我是否畏首畏尾，什么都不敢试了？

新手爸妈会阅读大量育儿书籍和文章，但经常被文章之间矛盾的言论吓得不敢尝试，没有自己的主见。在你看育儿书籍和文章时，多思考文章逻辑能不能自洽，作者观念你是否认可。对于你认可的方法和观念，多尝试，做到胆大心细。新手爸妈的成长本来就是一个反复试错的过程，只有在实际操作中不断修正，才能找到最适合孩子的方法。

第三重反思：我是否急功近利，直接套用方法了？

很多家长因为陷于焦虑，只停留在表面问题，急于套用他人现成的方法，不做深入思考，不会根据自己的情况灵活变通。而他人的方法往往是基于他们的孩子和家庭的，直接套用，而不思考“为什么”，只知道追着别人问“怎么办”，得来的方法非常容易没有效果，不能从根源上解决问题。

教育是一门慢功课，是一门无法复制粘贴的极具个性的学问。教育要求我们静下心来，细心观察自己孩子的情况，多多深入思考“为什么”，只有这样才可以开发出属于自己孩子的独家方案。

第四重反思：我是否道德绑架，吓唬、恐吓自己了？

有些新手妈妈喜欢道德绑架自己，孩子一哭就认为自己是不合格的妈妈，只想立马止哭，使用一些依赖性强的安抚方法。止哭后，不去分析孩子的真实需求，不及时解决问题。还有些妈妈总是自我感动，觉得自己苦熬都是为了孩子好，孩子却总是哭哭唧唧不领情。

育儿不是苦情独角戏，付出得多不代表做得对。真正有效的方法是让家长和孩子都轻松愉快的方法。

第五重反思：我是否放大问题，纠结眼前细节了？

有些家长放大问题的严重性，低估孩子的适应能力，不懂得抓大放小，纠结在细节问题上。

比如有的妈妈咨询时，夸大其词地说孩子连着几天都不睡觉，当我要求她平静下来好好记录一下孩子的日常生活时，妈妈发现其实孩子睡的也不少，只是因为自己过于焦虑，放大了眼前的问题，选择性地忽略孩子零散的睡眠。经过一段时间的学习、引导，孩子有了明显的变化，这时妈妈才意识到其实问题没有当初想象的那么严重。

第六重反思：我是否追求完美，设定不合理的预期了？

有些家长对孩子有不恰当的预期，比如认为2月龄的孩子应该睡整觉，认为孩子夜醒1～2次都是有问题的。这样的预期超出孩子的实际发育情况，这无异于自寻烦恼，和孩子相互折磨。所以，一定要多多观察孩子的发展情况，建立合理预期。

四类父母，你是哪一类

有这样一种爱，把为孩子百分之百付出作为目标。

有这样一种爱，要求孩子必须发挥百分之百的潜能。

有这样一种爱，希望百分之百照顾到孩子的方方面面。

这种爱，本质上源于控制欲。而这种控制欲，往往伴随着过度焦虑。焦虑的，不仅是父母，更是孩子。

如何避免自己的爱变成孩子的枷锁？我们需要从认识自己的教养风格入手。

四种教养风格

美国心理学家戴安娜·鲍姆林德根据要求性和反应性两个维度将父母的教养风格划分为四大类：放纵型、权威型、忽视型和专制型。

要求性是指父母是否会对孩子的行为建立恰当的标准，并且坚持执行。

反应性是指对孩子自身特征的接受程度和对孩子需求的敏感程度。

权威型父母

采用的教养方式：引导

这种教养方式建立在对孩子的尊重与理解上。权威型父母会设置符合孩子自身能力的目标，对孩子的行为进行适量、适时的引导。与此同时，他们也很尊重孩子自身的想法和需求。权威型父母既有原则又民主，对于自己干预的程度把握得非常好。在这种教养方式下成长的孩子往往具有很强的安全感，自信且自主能力强。

专制型父母

采用的教养方式：控制

专制型父母的教养方式源于“爱”的控制。他们的预期很高，要求很高，给孩子设立的目标也非常高，且不允许孩子反抗。他们容易因为达不到目标异常焦虑，进而企图走捷径。专制型父母的教育方式简单粗暴，表现为不尊重、不理解孩子的自身特性。在这种教养方式下长大的孩子，亦容易出现焦虑心态，虽然有些孩子表现出比较听话、顺从，但是缺乏内动力。

放纵型父母

采用的教养方式：溺爱

放纵型父母对孩子表现出形式上非常浓烈的爱，对孩子的问题敏感且容易一惊一乍。他们希望用自己的爱去包揽孩子遇到的一切问题。但是，他们对孩子的行为要求非常低，任由孩子无边界、无范围地任意而为。在这种教养方式下长大的孩子，自控力弱，缺乏耐心与恒心，以自我为中心，一旦要求没有被满足，会马上表现出非常强烈的消极情绪，或者哭闹，或者愤怒。

忽视型父母

采用的教养方式：冷漠

忽视型父母对孩子不怎么关心，也不会对孩子提要求，更不会对孩子的行为进行管教。当然也不会表现出对孩子的关爱。他们只提供衣食住行，认为只要孩子不挨饿、能养活，自己就算是尽职了。在这种教养方式下长大的孩子，自立性强，但是非常缺少安全感。

教养风格从什么时候开始形成

有些父母觉得教养方式应该是孩子到了会说话以后，两三岁后甚至上学以后才要考虑的事情。

其实父母的教养风格从婴儿时期就已经开始建立了。

父母在婴儿阶段的教养方式很大程度决定了未来的教养风格，只不过很多教育问题在孩子长大以后被放大了才发现。到那时往往为时已晚，因为孩子的种种问题都源于父母长久以来根深蒂固的观念。父母只有从自身出发，主动改变自己的教养风格，才能解决孩子的问题。

但是，实际情况是：大多数父母会根据自己长年累月的思维惯性，只盯着孩子身上的表面问题，不断向孩子提要求，进入恶性循环。

我们来看看这四大类教养风格是如何体现在婴幼儿时期的。

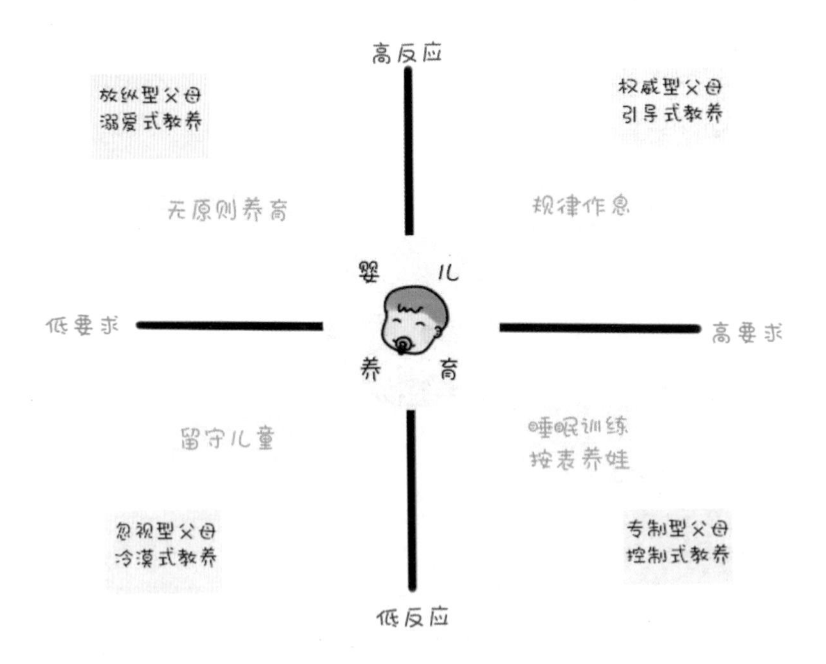

根据要求性和反应性的两个维度，我对新手父母具体的四种育儿方式进行了分类。

权威型新手父母

采用的教养方式：尊重式育儿、规律作息

育儿目标：理解、尊重孩子，及时、适度满足孩子需求

权威型新手父母很尊重孩子自身的需求规律，并且会引导孩子形成一套较为良好的作息习惯。他们可以准确判断孩子的需求，并且不会过分焦虑，不在细节问题上纠结。他们的目标是成长为更理解、尊重孩子的“天使爸妈”，遇到问题时更多的是通过记录分析找出“为什么”，而不是到处追着别人问“怎么办”。他们相信孩子强大的学习能力，但不会用超过孩子目前发展水平的目标去严苛地要求孩子。这些孩子就是传说中的“天使宝宝”，每天吃得饱饱的，玩得很开心，睡得香香的，有人很懂他，满足、有安全感、独立自主、专注力高。

专制型新手父母

采用的教养方式：训练派、睡眠训练、按表喂养

育儿目标：自主入睡、睡整觉

专制型新手父母因为各种问题焦虑，病急乱投医地看了一堆碎片化文章，知识体系东拼西凑，没有形成逻辑闭环。他们容易把自主入睡、睡整觉当作育儿的终极目标，而不是把理解、尊重孩子作为终极目标。因为不理解孩子的真实需求，所以采取的方式也多是睡眠训练，或者依据别人的作息表刻板套用，要求自己的孩

子按表执行。也许短期有效，一旦孩子的作息出现倒退、问题反复就自乱阵脚，又开始到处“寻医问药”，没有自己解决问题的能力。

放纵型新手父母

采用的教养方式：无原则养育、形式主义的亲密育儿

育儿目标：止哭

放纵型新手父母经常“用爱发电”，对自己道德绑架，认为全天抱、母乳、顺产、同床等才能建立孩子的安全感。孩子稍有哭闹，立马敏感地蹦起来。他们不能忍受孩子的一丁点儿哭闹，甚至把止哭变成自己育儿的终极目标。他们对自身付出的要求很高，且容易孤立自己。他们对孩子的要求非常低，任由孩子无边界、无范围地任性而为。这样的教养方式最容易养出传说中的“高需求宝宝”。

忽视型新手父母

采用的教养方式：哭声免疫法、把孩子扔给别人自己不管

育儿目标：不要烦我

忽视型新手父母对孩子不怎么关心，只要孩子别吵到他们就可以。如果孩子哭泣，他们就放任孩子哭，懒得去管。他们觉得育儿很烦，干脆就把育儿的责任扔给别人。有些父母觉得自己还是个孩子，没什么责任心；或者觉得自己要赚钱养家，只要孩子饿不着就算是尽职了，对于孩子的成长和情感需求漠不关心。他们也不会对孩子提要求，更不会对孩子的行为进行管教。当然他们也不会表现

出对孩子的关爱。

那么，如何才能成为权威型父母，我总结出科学养育8步法帮助新手爸妈达成良好的养育目标。

科学养育8步法

第一步：确定自己的养育目标。

第二步：分析孩子的个性特征。

第三步：探索孩子的认知发展规律。

第四步：对比之前制定的养育目标，评估预期是否合理。

第五步：调整预期目标，让养育目标既符合孩子的特性又稍具挑战性。

第六步：孩子解决问题的过程中，父母作为“脚手架”，帮孩子“搭建”一些必要的条件。

第七步：孩子遇到困难时，家长引导为辅，鼓励孩子自主解决问题为主。

第八步：孩子成功解决问题时，夸奖孩子的努力与付出，把成长的动力内化为孩子的内动力。

新手爸妈如何升级打怪

我们的人生中有很多重大节点，诸如18岁成年、大学毕业、工作、结婚、成为爸爸妈妈。每一个重大节点都需要我们做出很多改变，及时找到角色定位。当你成为新手爸妈，会切实感觉到有一份责任担在肩头，需要学习很多育儿新知识，需要转变观念，尽快进入爸爸妈妈的角色之中。不管你之前学的是什么专业、从事的是什么工作，在“为人父母”这门课上，你都是刚刚入学的新生。

面对如此重大的角色转变，新手爸妈很难不陷入迷茫。伴随孩子刺耳的哭闹，焦虑不安、不知所措成为常态。

这里有一份新手爸妈需要学习的育儿要点，希望可以在这混乱的局面里，帮你厘清头绪。

新手爸妈需要学习的育儿要点

时间	要点
孕期	明确家里职责分工 学习儿童发展心理学
0～2个月	学习尊重式育儿 初步养成规律作息 学习婴儿基本照料方法 婴儿认知发展原理 如何疏导自身的情绪
2～4个月	学习RAIN尊重式照料及早教 维护夫妻关系
5～9个月	重视大运动发展 进行辅食添加 缓解分离焦虑 建立安全型依恋关系
10～12个月	引导自主进食 调整并觉作息
13～18个月	进行语言启蒙 培养阅读习惯
18～36个月	确立规则意识 加强亲子沟通 养成良好习惯 入园、社会化准备

针对以上时间表，我总结了一份必读书单作为补充。

一妈推荐书单

孕期～2岁

《儿童发展心理学》
［美］罗伯特S.费尔德曼

《美国儿科学会健康育儿指南》
［美］斯蒂文·谢尔弗 ［美］谢莉·瓦齐里·弗莱

《婴幼儿及其照料者》
［美］珍妮特·冈萨雷斯-米纳
［美］黛安娜·温德尔-埃尔

2岁～学前

《可怕的两岁》
［美］约翰·罗斯蒙德

《游戏力》
［美］劳伦斯·科恩

《正面管教》
［美］简·尼尔森

《孩子，把你的手给我》
［美］海姆·G.吉诺特

婚姻关系

《幸福的婚姻》
［美］约翰·戈特曼
［美］娜恩·西尔弗

《亲密关系》
［美］罗兰·米勒

在育儿的同时，请记得：孩子不是你的全部，他只是这个家庭的新成员，是一个需要重视的成员，夫妻关系才是家庭的根本。

基于此，你需要做到：

1. 学习如何成为“天使爸妈”。以“尊重式育儿”的理念养育孩子，熟练使用科学的育儿分析工具，准确判断孩子的需求并及时满足，帮孩子建立起规律作息。在育儿时，对自己提要求，不要对孩子提要求。

2. 重视自己的感受。尊重自己的情绪，试着合理表达情绪，而非任性发泄情绪。可以每天和另一半在固定的时间交流感受、心情以及需要的支持。

3. 不做满分妈妈。不要对自己要求过高，没有人天生就是完美的。做妈妈对自己要求低一点儿，反而是让家庭保持轻松的一种方式。与其焦虑如何变成100分妈妈，不如放轻松，量力而行，70分刚刚好。既不完全忽略孩子，也不对自己进行道德讨伐；既可以全身心投入，又可以全身而退。不是24小时无死角监控，而是在孩子不需要自己的那一刻，能按捺住自己的控制欲，悄悄退出。

4. 定期过二人世界。夫妻两人可以把孩子交给其他人代为照看，一起看场电影、吃顿饭，聊聊除了孩子以外的其他事情。如果没有人可以代为照看，也可以在孩子睡着后，坐在一起聊聊天，玩个游戏，看部电影。

5. 定期举办家庭会议。总结近期家里每个人遇到的烦心事，全家人一起想办法解决，检查家务和育儿的职责分配是否合理，是否需要做出调整。你可以把家庭看作一个团队，而一个团队想要高效运转，就要定期开会进行梳理。家庭会议不用过于形式主义，在大家心情不错时，出门散步聊天也是一种很好的方式。

6. 家庭职责分配明晰。可以根据自己家里具体的情况做出一份家务分配表。将家务分配表完善后张贴在家里最显眼的地方，在家庭会议时可以总结一下每个成员的完成情况。

太棒了!

读懂你的宝宝，满足你的宝宝

很多新手爸妈从孕期开始就在努力做功课，对孩子有很多美好的幻想。但是孩子一出生，他们发现之前的幻想在孩子的哭声中都支离破碎了，留下的只有手足无措、一团乱麻。

所谓“纸上得来终觉浅，绝知此事要躬行”。当这个小生命被你抱在怀里，他的呼吸、他的温度、他的哭声，会让你知道理论到实践的距离究竟有多远。

本章将从观念入手，帮助新手爸妈从一团乱麻的问题中，摸索出一个线头，一点儿一点儿捋清思路。

本章将解决以下几个问题：

让妈妈们纠结、焦虑的“安全感”到底是什么？

健康的安全感是如何建立的？

面对孩子的哭声，新手爸妈该怎么办？

本章将提供一份安全感养成指南，帮你养成安全感十足的宝宝。

宝宝安全感养成指南

新手爸妈最容易被一个词吓到：安全感。我收到过很多妈妈关于“安全感”的咨询：

一妈，分床睡会不会让宝宝没有安全感？

一妈，奶瓶喂养会不会损害亲子关系的建立，让宝宝没有安全感？

宝宝自己玩会不会不利于他形成安全感？

我的宝宝哭了 5 分钟，他是不是没有安全感？

孩子的安全感，就像手中握的沙子，你越想牢牢抓住，越事与愿违，孩子会因为你的不加思考与过度干预产生更强烈的不安全感。孩子很重要，你也很重要，你只有先照顾好自己，才有可能照顾好孩子。

在认识安全感之前，我们先学习一个专业概念——依恋关系。依恋关系是指婴儿和照料者之间的互动，最终建立起来的一种情感联结。

依恋关系主要取决于两方面：一是婴儿自身的发展特性，二是照料者的洞察力和回应的方式。

婴儿自身的发展特性

珍妮特·冈萨雷斯-米纳和黛安娜·温德尔·埃尔在《婴幼儿及其照料者》一书中对婴儿依恋发展路径做出了以下梳理。

前依恋阶段：无区别的反应（出生～3月龄）

婴儿通过哭闹、抓握、注视来吸引成人注意，以获取成人的照料和安抚。此时的婴儿尚未形成依恋关系，任何人都可以照料他们。

依恋建立期：关注熟悉的人（3～8月龄）

婴儿开始对不同人做出不同的反应，此时对于他们熟悉的人，他们会微笑、咿呀学语，而对于陌生人，他们会长时间注视，并可能会表现出恐惧与不安。这个阶段是照料者和婴儿建立信任的开始。

依恋明确期：主动寻求亲密（8～24月龄）

婴儿开始出现分离焦虑，他意识到他需要某个人，将照料者视为“安全基地”。从“安全基地”出发探索新环境，在必要时返回“安全基地”获得情感支持。

互惠关系形成期：伙伴关系行为（24月龄以上）

孩子开始理解“分离”，他开始更容易接受与照料者的暂时分离，能从容调节自己的情绪，此时语言发展迅速，帮助他更好地理解和接受“分离”。

6月龄是一个分水岭，是婴儿依恋关系建立的敏感期。

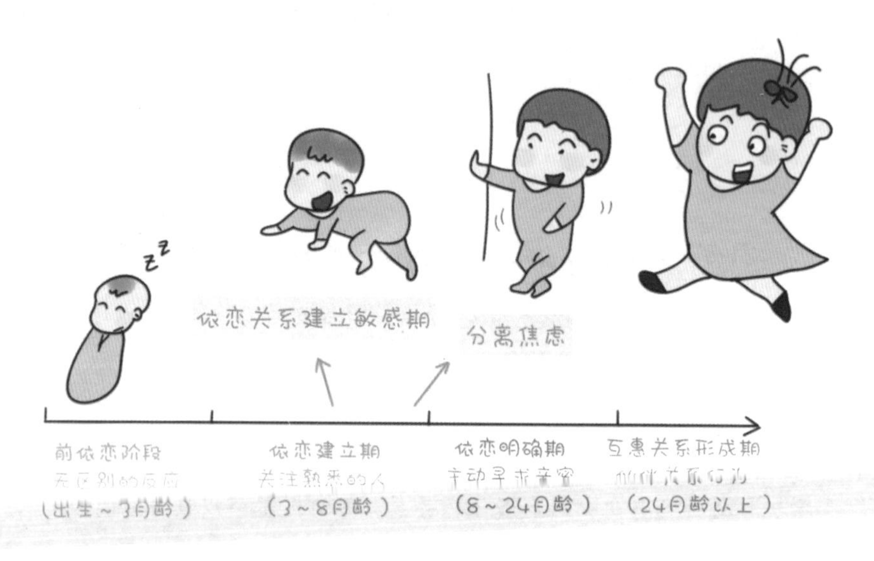

安全感的建立不是凭空而来，而是一步步演变的：从最开始孩子的需求可以被准确判断、及时回应；到父母行为长期保持一致，让孩子产生信任；再到孩子的信任累积到一定程度后，开始依赖照料者。而这种对照料者的依赖与孩子独立自主能力的平衡，使亲子关系演变成安全型依恋关系，即最原始的源于家庭的安全感。

但是安全感并不会就此定型。在漫长的成长过程中，孩子学会将亲子关系中积累的社交经验扩展至同伴、学校、社会中，如果他可以很好地处理自身与外界的关系，这样的安全感才真正稳固下来。

安全感养成路径

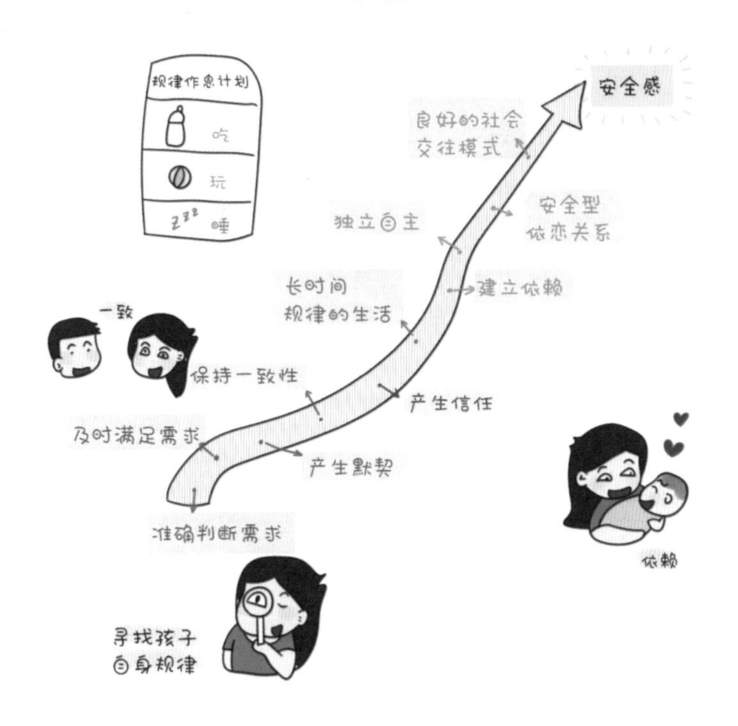

照料者的洞察力和回应的方式

安全感是对依恋关系比较通俗易懂的说法，我们一般说的安全感，大多是期望孩子可以和他人建立起“安全型依恋关系”。

根据发展心理学家玛丽·安斯沃斯的理论，依恋关系可以分为4类：回避型依恋关系、安全型依恋关系、矛盾型依恋关系和混乱型依恋关系，具体详见下表。

亲子依恋关系类型

依恋关系类型	表现
回避型	孩子不寻求接近照料者，照料者离开后不难过；照料者回来后，孩子在回避。
安全型	孩子把照料者当作“安全基地”，只要照料者在场，他们就很安心，可以独立探索，偶尔回到照料者身边。尽管照料者离开时会有不安，但是只要照料者回来，就会去寻求接触。
矛盾型	孩子在最开始不会离开照料者，不会去独立探索，在照料者离开前就会有些焦虑。如果照料者离开，孩子会非常难过，一旦照料者回来，一方面想要接近照料者，另一方面又表现得十分生气。
混乱型	当照料者回来后，他可能跑到照料者旁却不看照料者，或是最初显得平静，后来情绪爆发并愤怒地哭泣。

——摘自罗伯特S.费尔德曼《儿童发展心理学》

以上依恋关系的分类，是根据1岁左右的孩子的不同表现划分的。相关研究显示，母亲对待新生儿的行为可以预测儿童长大后的依恋关系。在亲密关系中满足、快乐的母亲，她们的孩子倾向于拥有安全型依恋关系，而有着不安全型依恋关系的母亲往往会有不安全型依恋关系的孩子。

所以，当我们谈论孩子的安全感时，要知道孩子安全感的建立并不是由某些具体行为决定的，而是与妈妈的情绪紧密关联的。当你是个轻松快乐的妈妈，当你的家庭整体氛围稳定且良好，你的孩子自然更容易建立安全感。

有的妈妈说："给孩子建立安全感，只需要满足孩子的一切需要，比如孩子哭了马上就抱。"这句话乍听起来有些道理，长期忽视孩子的需求，对孩子依恋关系的建立是毁灭性的打击。但这并不意味着我们要走向另一个极端：过于敏感焦虑、对孩子的需求做出不恰当的过度干预。拥有安全型依恋关系的妈妈会倾向于提供适当水平的回应。过度回应和回应不足都会使孩子产生不安全型依恋。而适当水平的回应是建立在对孩子的需求准确判断的基础上，给孩子引导的同时，留给他一些自主学习的机会。

这也是为什么尊重式育儿与规律作息非常重要的原因，因为它可以帮助父母更加准确地判断孩子的需求，并且保证父母每天的行为规律且一致。这样的一致性，让孩子对未来发生的事情能有合理预期，这正是孩子建立对父母信任感最佳的途径。

实操课堂

安全感建立原则

通过对依恋关系类型的分析，可以看出有着安全型依恋关系的孩子既可以和照料者进行很好的互动，也可以独立探索玩耍，很好地梳理自身情绪。

所以建立安全感的基本原则如下。

1.本着尊重婴儿的态度，在照料婴儿的同时，关注婴儿的回应，放慢节奏与之互动。

2.照料者自身的情绪管理非常重要，所处家庭氛围也很重要。想要让孩子有安全感，必须先好好梳理自己的情绪，让自己变成轻松愉快、有安全感的父母。

3.引导孩子规律作息，准确判断孩子的基本需求并及时、适度地回应。

4.给孩子独立探索的机会与空间，让孩子每天都有机会尝试自主入睡、自主进食、自主玩耍。

提高心理复原力

除了依恋关系，还要知道想要帮孩子挡掉所有的压力是不可能的。与其想着如何大包大揽地把所有逆境排除在外，不如想想如何提高孩子的心理复原力。心理复原力是一种以适应性的方式克服困难的能力。具有心理复原力的孩子，会积极应对生活中的挑战，他们遇到问题时不是回避、抱怨，而是努力寻找解决问题的方法。提高心理复原力可以从以下几点入手。

1.尊重孩子的成长规律和认知发展，给孩子提供一些适合他认知水平的玩具，让他独立探索。如果他在探索过程中遇到一些小问题，应鼓励他自己解决。

2.制订清晰的计划，如作息安排、活动安排等，使之保持一致性、规律性，这样孩子可以预知日常生活，并因为规律的生活而感到安全。

3.与孩子建立安全型依恋关系，多多看到孩子的发展进步，并表达你的信任与鼓励。

4.让孩子融入家庭，参加家庭活动，比如与大人共同进食、参与家务、做出简单的决策，让孩子有归属感。

21 种婴儿情绪安抚方法

在育儿这条路上，需要新手爸妈大开脑洞，多多尝试不同的安抚方法，优先选择依赖性弱、对孩子作息影响小、可以慢慢培养出孩子自我安抚能力的方法。本节提供了4大类共21种婴儿情绪安抚方法，新手爸妈不用拘泥于此，可以通过思考安抚孩子情绪的原理，自行组合开发更多的安抚方法。

情绪安抚原理

想让孩子情绪平稳，可以从他的感官体验入手，比如触觉、听觉、视觉、味觉、嗅觉等。通过这些感官体验，给孩子安全、稳定的感觉。最重要的一点是通过感官等各种体验，达到转移注意力的目的。当孩子注意力转移时，他就可以从不好的情绪中走出来，父母也给自己赢得了缓冲时间，从而排查孩子哭闹背后的真实需求。

选择安抚方法时，要尽量选择能引导孩子自我安抚的方法，有意识地教给孩子情绪管理的方法，尽量避免使用容易形成过度依赖的方法。作为父母，也不要过度依赖某一种安抚方法，应多多尝试，给孩子多一点儿选择。

情绪安抚原则

安抚孩子的情绪，应遵循以下4个原则。

1. 在排除孩子的饥饿需求和睡眠需求后，在孩子清醒阶段可以用情绪安抚方法中除了喂奶外的任何方法。

2. 针对孩子入睡前的安抚，要优先使用干预程度较低的安抚方法，如白噪音、安抚物。如果孩子情绪失控，再选择拍拍、抱抱等干预程度稍高一些的安抚方法。如果前面的方法都失效，可以考虑喂奶。这里并不是说禁止喂奶，而是在确定孩子不饿的情况下，尽量不要使用喂奶这种安抚方法，把自己变成人肉安抚奶嘴，对妈妈和孩子都不好。

3. 旧的安抚方法戒除前，可以先加入新的安抚方法让孩子适应，逐渐减少旧的方法直至戒除，循序渐进的方法可以让孩子在适应期得到情绪的缓冲。

4. 安抚的终极目标是帮助孩子发展情绪管理能力，建立自我安抚的机制。当然这并不是说，要让孩子达到完全不需要父母安抚的水平。独立自主解决问题与父母的高质量互动陪伴都是建立安全型依恋关系的必要条件。

四类安抚方法

安抚方法可分为四类：肌肤接触类、摇晃轻拍走动类、声音语言类、安抚物品类。

注意：以下方法都是从孩子的情感需求出发，让孩子从愤怒、伤心等激烈的情绪中慢慢平复下来。等孩子情绪平复下来后，找准孩子哭闹背后真实的需求，并且及时满足。以下21种安抚方法可以配合哭闹排查表使用：21种安抚方法用于安抚孩子的情绪，哭闹排查表用于找出孩子的真实需求。

肌肤接触类

肌肤接触可以给孩子最直观的感官体验，轻柔地抚摸、温暖的怀抱，都能让孩子安心，主要有以下几种方法。

- 喂奶：喂奶是妈妈与孩子最亲密的接触，吮吸能满足孩子口欲期发展的需要。妈妈每天通过几次喂奶与孩子亲密接触，完全可以满足孩子的情感需求。但是请不要吃饭时间之外进行喂奶，长期依赖安抚奶会影响孩子的消化周期，引发作息紊乱。

- 抱抱：父母可以在孩子清醒时多抱抱他，这样孩子能和父母保持较好的互动。在孩子很困的时候，不要让他在父母的怀里睡觉。如果孩子想睡觉，就让他舒舒服服地躺在床上睡。当孩子的规律作息建立起来，父母一旦捕捉到睡眠信号，应优先尝试让孩子躺在床上的安抚方法。如果孩子不停地哭泣，并且其他安抚方法失效时，父母可以毫不犹豫地抱起孩子，安抚他至情绪平稳后再放下。

- 抚触按摩：可以将抚触按摩安排为每天的固定项目，抚触按摩时配上轻柔的音乐，让孩子和父母都放松下来。如果孩子拒绝抚触按摩，父母需要考虑环境、时间、手法、温度是否合适。

● 摸头：轻轻地拂过孩子的额头，孩子会有种被宠溺的感觉。此法适合在孩子睡前情绪崩溃时使用，边轻轻摸头，边对孩子说：“妈妈在呢，放心睡吧。”

● 摸眉：很多父母发现这个方法也很好用，摸眉法与摸头法类似，顺着孩子的眉骨轻轻地抚摸，可以让孩子平静下来。

● 吃手：有的父母总是阻止孩子吃手，这是错误的做法。孩子认识世界就是从嘴巴开始的，他们会先吃吃自己的手、脚，认识自己；再吃周围的玩具、日用品，认识外界。吃手也是婴儿最常见的自我安抚方法，既满足了口欲期需求，又可以让情绪平静。如果在口欲期阻止孩子吃手，很有可能导致口欲期延后的情况，即长大后很长一段时间仍喜欢通过吃手来弥补之前缺失的部分。

● 洗澡：有的孩子很喜欢泡在水里的感觉，父母可以通过洗澡来让孩子放松。

摇晃轻拍走动类

此类安抚方法通过一些动作和互动，转移孩子的注意力，让孩子从消极情绪里走出来。

● 抱起来摇晃走动：这是抱抱的升级版，在孩子清醒时可以抱孩子参观房间，缓解孩子的消极情绪。但是不要使用抱睡。很多妈妈都提到过自己是从最开始的抱睡一步步变成边抱、边摇、边走，还有的妈妈要抱着孩子做深蹲、爬楼梯才能把孩子哄睡。孩子随着成长慢慢变重了，父母苦不堪言。

● 背带背巾：背带背巾可以让父母与孩子亲密接触，也方便父母带着孩子走动，但这种方法只能在孩子清醒时或偶尔外出时使用。与抱睡同理，尽量不要长期靠背带背巾哄睡。

- 开车：有的妈妈发现，孩子坐在车上，车一开孩子就能平静下来，甚至很快入睡。因为车启动后，会产生摇晃和白噪音，这些因素都会转移孩子的注意力，平复情绪。根据这个原理，父母也可以试试在家里用白噪音和轻微摇晃的组合方式让孩子平静下来。开车容易受到各种因素的限制，无法长期使用。

- 推车：有的孩子坐上推车，父母推两下也会让他平静下来，可以偶尔使用。

- 排气操：当孩子因为胀气而哭闹时，可以试试做排气操，帮孩子缓解身体不适，比如轻轻地抓住孩子的脚腕做蹬自行车的动作，用温热的双手轻轻地在孩子腹部顺时针按摩。

- 趴卧练习法：当孩子胀气或者惊跳反应严重时，趴卧练习可以让孩子舒服一些。需要注意的是，趴卧练习请安排在孩子清醒时，并且父母必须在孩子的旁边陪伴。切记不要趴睡，防止窒息风险！

- 嘘拍法：当孩子烦躁不安的时候，可以轻轻地拍孩子的肩部、腿部、屁股，让他转移注意力。同时发出“嗯嗯、嘘嘘、哦哦”的声音，模拟白噪音。如果孩子惊跳反应明显，也可以轻轻按住孩子的手。嘘拍的速度和频率根据孩子情绪变化调整。情绪激烈时，可以放大声音盖过孩子的哭声，拍的速度和频率也可以适当加大；情绪慢慢平稳时，可以逐渐减弱声音和拍的力度、速度。

声音语言类

通过一些声音和语言，从听觉入手，让孩子情绪平复。有的爸爸妈妈为了让孩子平静，刻意营造特别安静的环境，尤其在孩子睡觉的时候。但实际上，很多孩子听着白噪音、谈话声、舒缓的音乐时，反而更容易转移注意力，抚平情绪。

- 白噪音：流水声、吹风机的声音、风声都属于白噪音，可以在孩子睡前或情绪不佳时使用。

- 音乐：多给孩子尝试不同风格的音乐，仔细观察孩子的状态，有些音乐会让孩子沉醉其中，这样的音乐就很适合在孩子情绪不好的时候拿出来使用。

- 唱歌：喜欢唱歌的新手爸妈，也可以一展歌喉，孩子很有可能会立马安静下来看你的表演。

- 语言安抚：在孩子烦躁时，可以耐心地对孩子说说话，如“你怎么了呀”“妈妈在你旁边陪着你呢”“没事没事，我很理解你的心情”，或者尝试唱一些朗朗上口的童谣。

安抚物品类

你还可以借助辅助工具，让孩子转移注意力，安抚孩子的情绪。安抚物品可以帮助孩子学习自我安抚的一些技巧，能够提升孩子的心理复原力。

- 安抚奶嘴：很多传统的家庭对安抚奶嘴总是抱有排斥的态度，大可不必如此。安抚奶嘴既可以满足孩子的口欲需求，又可以达到很好的情绪安抚效果。你需要警惕的不是孩子过度依赖安抚奶嘴，而是你自己是否会过度依赖安抚奶嘴。如果你发现安抚奶嘴很有效，并因此依赖上这种单一的安抚物，而不再使用其他安抚方法，那么孩子也一定会产生强烈的依赖，并引发不良影响。因此，在安抚孩子的情绪时，一方面父母不要偷懒，要多开发其他安抚方法，给孩子更多选择；另一方面父母可以在安抚奶嘴的使用频率上设置一条底线，比如只在孩子情绪失控时拿出来，情绪好转后拿开。安抚奶嘴可以在孩子习惯母乳喂养后，没有乳头混淆风险时引入，在6～10个月之间用安抚巾替代戒除。

- 安抚巾、安抚娃娃：安抚巾、安抚娃娃是安抚奶嘴的最佳替代物，可以在孩子学习抓握的时候多多使用。孩子外出或睡觉时都可以选用固定的安抚巾或安抚娃娃作为陪伴，等孩子与它建立了情感联系，就可以起到安抚的效果了。安抚巾和安抚娃娃最大的好处是不需要戒除，可以多准备几个一模一样的交替使用。

- 声光玩具：声光玩具包括声光拨浪鼓、床铃等，都可以通过光和声音吸引孩子的注意力，起到比较好的安抚作用。

安抚方法优先级

前面讲过，我们应该优先选择可以引导孩子自我安抚且不会形成过度依赖的方法，同时还要考虑安抚方法的操作难度和适用场景范围。据此原则，我对比较常见的安抚方法进行了优先级分类，帮你在选择安抚方法时心中有数。下图中，红心数量代表优先级，优先级是指推荐使用的程度，红心越多优先级越高，越推荐使用。

注意：以下优先级排序仅供参考，并不绝对。对不同家庭而言，优先级会因为孩子接受程度、家里条件等具体情况发生变化，在选择时可以考虑自身情况综合选择。

安抚情绪方法优先级

宝宝哭了怎么办？哭闹排查表！

上一节提到的21种安抚方法在解决孩子的哭闹和情绪安抚方面可以达到“治标”的效果。同时，我们要更深入一步，从孩子的需求本身入手，通过判断孩子哭闹背后的本质原因，及时满足孩子的需求，达到终极“治本”的效果。

婴儿语言——哭声

对于新手爸妈来说，准确判断孩子的需求如同解答一道奥数题，难度很高，极其考验我们对“婴儿语言”的观察分析能力。

想要更好地翻译出“婴儿语言”，我们得先找到一些线索。

首先，我们可以观察孩子的肢体动作、表情、声音，甚至屁屁的颜色。

其次，我们可以借助一些辅助的工具，更准确地进行判断，比如每日生活记录、哭闹排查表、睡眠问题排查表、成长曲线、孩子所处月龄应有的需求特征等。

哭声可以称为婴儿的“第一语言”，会第一时间被父母关注。但是，父母的注意力非常容易放在“怎么阻止孩子哭”上，而不是思考“孩子为什么哭”上，但明显后者更为重要。

一定不要以为这个世界上只有两种非黑即白的极端解决方式："一哭就抱"和"任哭不理"。你需要做的是在两个极端中找到平衡点，加入一些理性的思考与判断，留一些问"为什么"的时间给自己。

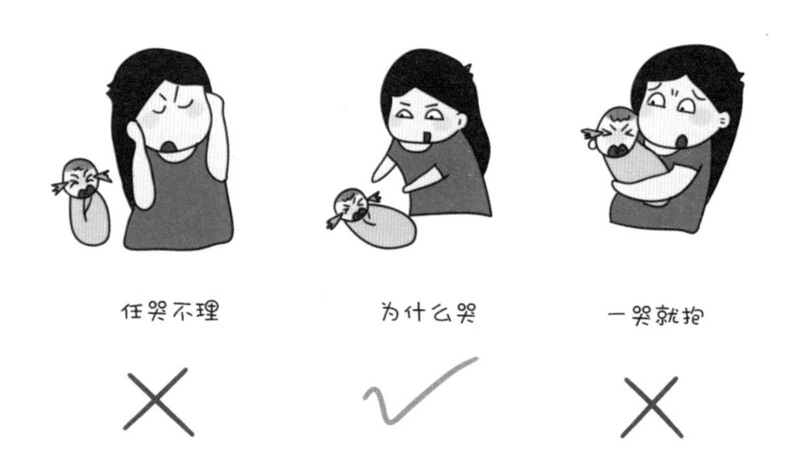

哭闹排查表

那么，孩子到底为什么哭呢？

我在这里准备了一份哭闹排查表，将孩子哭闹的情况细分在三大时间段内，这张排查表或许能帮你更准确地判断出孩子哭声背后的原因。

宝宝哭闹排查表

01 吃奶时间段

没到吃奶时间，就开始哭着找奶	单次哭闹：上次喂奶是否不充分？
	连续两天以上哭着要奶：是否处于猛长期？
吃奶时间到了，哭闹	偶尔哭闹：饿了，正常喂奶即可
	经常哭闹：喂奶间隔是否设置得不合理？
吃奶过程中哭闹	喂奶姿势是否不正确？
	奶流速度是否过快，呛到孩子？
	是否母乳分泌不足？
	是否发生胃食反流？
吃奶后不久哭闹	是否拍嗝不到位，有胀气？
	妈妈摄入饮食是否不当？

02 清醒时间段

经常在每天黄昏哭闹	是否连续缺觉导致“黄昏闹”？
突发性哭闹	是否受伤？
	是否生病？
	是否受到惊吓？
哼哼唧唧、拧来拧去地哭	是否因为该换尿不湿了？
	是否穿得有点儿多？
	是否有胀气？

睡觉前哭闹	白天小睡前哼哼唧唧地哭：正常闹觉，哄睡即可	
	白天小睡前大哭不止：困过头了情绪失控，先安抚情绪，下次提前哄睡	
	夜间睡前哼哼唧唧地哭：正常闹觉，哄睡即可	
熟睡中醒来哭	白天小睡固定半小时左右起来哭，伴随睡眠信号：没睡够，需要接觉	
	睡梦中醒来大哭	是否生病？
		是否肚子疼？
		是否夜惊？
	哼哼唧唧小声哭，时间短	暂不干预，细心观察，孩子可能在转睡眠过程中，正尝试自主接觉
	哼哼唧唧小声哭，时间较长	是否太冷或者太热了？
		睡眠环境是否不舒适？
		尿不湿是否该换了？
		是否处于长牙期？

哭泣的真相

在对待孩子哭这件事上，预期将决定情绪管理。你可以回答下面3个问题，评估你的预期是否合理。

- 对于孩子每天哭的次数和时长，你希望是什么样的？
- 听到孩子哭时，你有什么感觉？
- 孩子哭是否说明你是个不合格的妈妈？

回答完以上这些问题，让我来告诉你孩子哭的真相。

作为成年人，当你有想法或有需求的时候会通过什么方式让他人获知？

对，你会说出来！

那么一个不会说话的婴儿，当他有自己的想法和需求时，他会通过什么方式让你获知？

对，他会用他的哭声、表情、肢体动作来告知你他的想法和需求。而哭声是这几种表达中最直观、最容易引起人注意的“婴儿语言”。

如果此时，你的预期是孩子不能哭。

这就相当于你在对一个成年人说“你不要说话！”一样简单粗暴！

那么，你为什么会有这样错误的预期呢？

因为我们成年人只有在情绪失控时，才会用“哭”来宣泄自己的情绪。但是，我们却自大地认为婴儿的“哭”和我们大人的“哭”一样，只有发泄情绪这一个功能。这样错误的认知直接导致有些父母错误地把“孩子不能哭”作为最主要的育儿目标。

即使婴儿哭有时确实是情绪不好引起的，我们使用尊重式育儿行为准则四——换位思考进行分析，当你哭了的时候，你希望别人给你的安慰是什么呢？以下两种答案感受一下。

A.“别哭了！别哭了！”

B.“哭吧哭吧，哭出来就好受了，我非常理解你现在的情绪感受，那么你是因为什么伤心？我来帮你一起分析解决一下。”

相信大部分人都会选择B。

现在你能理性看待孩子哭这件事了吗？

试图阻止孩子哭，孩子一哭立马抱、立马喂奶，这种“不管什么原因，只求不让孩子哭”的行为和“放任孩子哭，不去管他”是一样的残忍。

所以，下次孩子哭了，请仔细聆听孩子的哭声，不要把它当作我们成年人的“哭泣”，把它翻译成孩子要说的语言。

你会发现孩子的哭声其实很神奇，他有不同需求时的哭声是不同的。

- 哼哼唧唧、缠绵不断地哭——可能是饿了。
- 突然爆发地哭——可能是不舒服。
- 烦躁、摇头晃脑、揉眼、打哈欠、越来越愤怒地哭——可能是困过头了。
- 哭两声停一会儿，再哭两声——可能是冷了或热了。
- 扭来扭去地哭——可能是尿不湿满了。

了解孩子的真实需求后，给孩子最想要的，而非你想给的。

- 饿了——喂奶。
- 清醒时心情不好——与孩子互动，通过抱抱、轻声说话、抚摸孩子、发出一些有趣的声音等方法吸引他的注意力。
- 不舒服——排查不舒服的原因，看医生。
- 尿不湿满了——换尿不湿。
- 冷了或热了——增减衣物。
- 困了——躺床上睡觉。
- 困了心情不好——尽快帮助孩子躺在床上入睡。

当你给出的回应是及时、准确的，是理性、科学的，是孩子真正需要的，孩子自然无须动用哭闹这种手段唤来你的注意。

尊重式规律作息

当你的孩子频繁夜醒时，当你觉得抱睡、奶睡是个问题时，当你不知道孩子为什么经常在同一时间段表现出烦躁、大哭大闹时，他可能并不是在睡眠或者喂养等单个环节出了问题，而是在整体作息上出了问题。

为了更准确、更温和地解决这些棘手的问题，我们可以先进行以下两个步骤。

第一步，把孩子的全天活动看作一个整体，不要在细节上纠结，眼光放得远一点儿，时间轴拉得长一点儿，看看孩子最近一周甚至一个月的趋势。

第二步，试着梳理出孩子各项活动的规律，尝试稳定孩子的进食时间、清醒时间、睡眠时间，让他的生活有节奏且可预期。

尊重式规律作息的基本模式

有的父母可能在看到本书前听说过“规律作息”这个概念，但是需要强调的是，本书提到的规律作息建立在尊重式育儿的基础原则之上，简称为“尊重式规律作息”。与某些过分强调时间表、参考值、训练手段的书和文章不同，本书倡导的尊重式规律作息要求父母必须把及时满足孩子的真实需求放在首位，并希望父母不要对自己和孩子过分严苛，过度追求“完美的作息表”“固定的放电任务”“尽早自主入睡”以及“强制性断夜奶”的极端目标。

本书独家提出的尊重式规律作息是希望父母和孩子能够找到默契，构建健康的亲子关系，同时双方都能够享受轻松的育儿生活。简单来说，尊重式规律作息的终极目标是：孩子可以吃得饱饱的、玩得很开心、睡得香香的、有人很懂他；父母拥有和谐的家庭关系，拥有自己的时间，与孩子找到默契，享受轻松的育儿生活。

尊重式规律作息最基本的模式就是将孩子白天的时间切割成几个周期，每个周期里的活动分为吃、玩、睡三大模块，同时建立稳定的昼夜观。每个周期的时间间隔从开始喂奶的时间点算起，在下次喂奶的时间点结束。根据观察分析孩子现有作息规律，适当参考平均指标，制订出一个参考作息计划，帮助孩子找到他的生物节律。

尊重式规律作息，实际上就是以24小时为单位，帮助孩子建立稳定的消化周期、睡眠周期、清醒周期，通过有节奏、可以预期的生活方式，让孩子的生理、心理趋于稳定状态。

尊重式规律作息可以让新手父母和孩子都对即将发生的事情心中有数，缓解焦虑、烦躁的情绪，拥有一份安定感。下面这份规律作息计划表可以为家长提供参考。

作息计划样表（3小时）

8：00	晨奶 视觉追踪 睡觉
11：00	午饭 趴卧练习 睡觉
14：00	下午茶 散步 睡觉
17：00	晚饭 抚触、洗澡 睡觉
20：00	睡前奶 夜觉

注意事项：

时间表是为你服务的工具，用来提醒你和家人对未来有个预判。真正决定你是否该喂奶了、该哄睡了等具体问题的，永远都是当下孩子的状态和你的评估判断，千万不要成为时间表的奴隶！

尊重式规律作息的前提

在帮助孩子引导规律作息前，首先要知道规律作息不是军训，而是基于尊重式育儿的基础上，在孩子已有的需求规律基础上的微调和引导，不同的孩子规律作息计划差异很大，需要父母灵活、机动地根据自己的情况进行调整。

虽然规律作息没有标准答案，但是不管如何灵活、机动，有三大前提还是需要遵守的。我们来分别解释一下这三大前提。

前提一：每次必须充分喂奶，只有真的饿了才喂奶，喂奶间隔尽量固定

喂奶有“三不要”：

不要喂点心奶：点心奶是指每次喂奶只喂几口，喂奶间隔非常短，不管孩子哭的原因是什么，家长都先喂奶，随时随地都在喂奶。点心奶非常容易造成过度喂食，形成胀气，让孩子身体很不舒服，睡不好觉，情绪极差。

不要让孩子边吃边睡：孩子没有吃饱就进入睡眠状态，不久还会被饿醒，吃不好也睡不好。月子里的宝宝可能很难做到这点，爸爸妈妈只要尽量让孩子单次多吃一点儿、尽量吃饱即可。满月后的宝宝如果仍然边吃边睡，需要一定的引导。

不要随意喂夜奶：判断夜醒原因，孩子真的饿了的必要性夜奶要一次喂饱。晚上喂奶的原则是要么不喂，要喂就喂充足。夜间虽然不用严格按照白天的固定时间喂奶，但是因为夜间活动量少、消

化慢，正常情况同样的奶量应该比白天支撑时间更久。

夜奶喂得是否充分应以两次夜奶间隔大于等于白天的喂奶间隔为标准。如果低于白天间隔，考虑夜奶是否没有喂充分，或者是否有其他因素导致夜醒。

前提二：切割吃和睡的联系，养成良好的入睡习惯

这点是针对每次睡前都必须吃两口奶才能睡着的“奶睡宝宝”。如果你想建立规律作息，一定要把白天喂奶和白天睡觉两件事的联系切割开。

对于严重依赖奶睡的孩子，在他吃奶吃饱后，一定要让他稍微清醒1～5分钟再去睡，哪怕你只能暂时改成抱睡，也比吃两口直接含着乳头睡强。

前提三：把握好弹性，以孩子当下的状态为准

规律作息不是让父母漠视孩子的需求，只盯着时间，而是让父母梳理出孩子的规律，更准确、及时地判断孩子的需求，并精准满足他的需求。

作息计划表是建立在仔细观察孩子的身体状态和需求规律的基础上制订出来的。计划表只是提醒父母努力靠拢的大方向，理想状态下，经过一段时间的引导才能达到的目标。实际上，执行的情况每天都会动态变化，与计划表有偏差很正常。抓大放小，只要总体趋势是往好的方向发展即可。

但计划表既然是根据孩子的真实需求建立的，那么即使灵活、机动、有偏差，也是在一定范围内，一般为每个时间点前后偏差半

小时，加起来大概有1小时弹性时间。

如果每次偏差都远超这个弹性时间范围，你就不得不反思一下：

- 计划表的制订过程本身是否有问题？
- 你是否花时间真正去观察、分析宝宝的需求？
- 这张计划表是否直接套用他人的表格？

根据不同的孩子的具体情况，规律作息有很多变形，一千个宝宝有一千种规律作息。但是不管怎么变形，以上三个前提不能变。

尊重式规律作息的步骤

第一步，观察并记录孩子现有的作息，分析问题。

第二步，制订符合孩子以及自己家庭具体情况的作息计划，固定喂奶时间间隔。

第三步，有弹性地打通作息，让孩子形成良好的生物钟，固定晨奶、睡前奶时间。

第四步，延长喂奶时间间隔，解决细节问题，达到尊重式照料、高质量陪伴、自主探索、睡眠舒适的目的。

第五步，巩固作息，适当放手，给孩子自己解决问题的机会。

尊重式规律作息常见问题

Q1.培养尊重式规律作息难吗？

其实培养尊重式规律作息很简单，说直白点儿，就是给孩子梳理一个稳定的生物钟。我们可以看到，一个小宝宝每天的时间可以分为两类：清醒时间（包含吃奶时间）和睡眠时间。他们在24小时内，最重要的三件事就是：吃、玩、睡。

将这三项活动根据孩子目前的发展水平进行梳理，使之相对规律，在白天将孩子的作息切割成一个个稳定的周期，就是我们说的规律作息。

那么，如何才能知道孩子目前的发展水平？

反复试验、记录，同时观察孩子的精神状态。

Q2.孩子的吃奶间隔怎么确定？

给孩子喂充足的奶，多次记录孩子从吃奶到真的饿了的状态的时长是多少，取平均值，就是目前孩子的消化周期发展水平。

在制订作息表时，家长可以在目前的需求规律上进行微调，当孩子饿了时，试着在短时间内转移孩子的注意力，把喂奶时间向后拖延一点儿，这样坚持几天，就可以让孩子的消化周期再延长一点儿，向家庭生活节奏靠拢。

Q3.如何判断孩子清醒时长有多久？

观察并且记录从孩子醒来到出现睡眠信号的时长，要保证在此期间孩子没有因为饥饿表现出类似的信号混淆判断。先稳定孩子的消化周期，进行规律喂养，将有利于你更准确地判断孩子的清醒时长。

在不完全确定孩子的清醒时长时，不要等到孩子困过了头再安排哄睡，而是在他清醒时长的后半段就安排孩子上床活动，细心观察睡眠信号，避免过度刺激，让孩子进入平稳、安静、放松的状态准备入睡。

大月龄宝宝的精力随着生长发育越来越旺盛，清醒时长也会因为这段时间内的运动量和运动强度受到影响。对于大月龄宝宝，可以直接判断睡眠信号，评估孩子的活动量。

Q4.如何判断孩子单次睡眠时长有多久？

和判断清醒时长的方法一样，还是试验、记录、观察。用你能够保证孩子睡眠时长的方法，呵护他的睡眠全过程，如果他睡醒后精神状态很好、不烦躁、不哭闹，那么这次的时长就可以作为孩子需要的睡眠量参考值。多记录几次，就可以从平均值中找到一定的规律。

在制订作息表的时候，根据孩子可以睡的时长和观察到的清醒时长（注意清醒时长是包括吃奶、拍嗝等时间的，只要孩子醒着就算清醒时长）就是孩子目前吃、玩、睡的理想周期。

但因为现实中干扰因素太多，尤其当孩子睡眠问题很多时，我们很难完全按这个方法得到准确的答案。

在吃、玩、睡三项基本活动中，最容易控制的就是吃这个环节：几点吃、吃多久、吃多少。所以尊重式规律作息的第一阶段就是规律喂养。

Q5.必须在每个周期里按照“吃—玩—睡”的顺序进行才算规律作息吗？

并非如此。刚开始规律作息的孩子以及小月龄宝宝很容易出现小睡短、接觉难的情况。针对这样的情况，完全可以做出变形：吃—玩—睡—玩—吃、吃—玩—睡—玩—睡—吃。

有的3月龄宝宝可以做到上午、下午各一觉，但是睡眠总时长足够，精神状态也很好。这些孩子的作息不可能按照每个周期都是“吃—玩—睡”的顺序进行，但是他们的吃奶时间、睡觉时间都是稳定有规律的，这也算规律作息。只需要保证前面说到的三大底线原则即可。

在一个周期内，能做到完美的“吃—玩—睡”是最好的，但是如果做不到也不必焦虑，只需要保证大方向上有规律，孩子精神状态好，每次都吃得饱、睡得够即可。规律作息的周期可以灵活变形，并且这些变形后的作息都可称为尊重式规律作息。

Q6.规律作息的作息计划表有统一标准吗？可以直接套用吗？

规律作息没有统一的标准计划表。

你必须用心观察、记录孩子自身的规律后，再去动手制订专属于孩子的作息计划表。有的孩子在2月龄只能达到3小时喂奶间隔，而有的孩子已经可以达到4小时喂奶间隔了。这完全取决于孩子的精神状态、家庭环境、规律作息开始的时间等。

Q7.孩子多大开始规律作息比较合适呢？

在生命最初的日子里，婴儿的身体节奏，如醒着、吃奶、睡觉以及上厕所等控制着婴儿的行为，通常没有固定的规律。婴儿花费了许多时间精力来整合这些分离的行为。新生儿的主要使命之一就是使自己的行为变得协调有序。

——《儿童发展心理学》

新生儿的节律是乱的，家长需要帮他梳理出一个规律，让他的整个身体系统趋于稳定，才能发展成一个情绪稳定、有安全感的孩子。而什么时候开始规律作息，主要取决于父母是否做好准备。

孩子刚出生的第一个星期，父母可能还沉浸在欣喜、慌乱、紧张的情绪里，需要快速学习一些基本的照料方法，比如如何拍嗝、如何洗澡、如何换尿布等，妈妈还要建立母乳供需平衡。所以，建议新手父母将这些基础照料练习熟练后，再开始规律作息。

一般而言，大多数新手父母可以在7～15天完成基础练习，并且开始尊重式规律作息。当然，从孩子出生，父母就可以开始对孩子的吃奶量、吃奶时间、睡眠时间、大小便次数和状态等进行记录，为规律作息做好准备。

Q8.等我意识到问题，了解到尊重式规律作息的好处，孩子已经大了，是不是已经晚了？

有的妈妈说："当我发现我和孩子都无法睡好觉的时候，我才开始意识到存在问题。而当我想解决睡眠问题时，才发现问题不单单出在睡眠上，而是在24小时系统的作息上。但是这时孩子已经不是刚出生的小宝宝了，怎么办呢？这时开始规律作息是不是已经晚了？"

不！一点儿都不晚！

尊重式规律作息是我们第一次帮孩子养成良好的生活习惯，是优秀父母必备的方法论。良好的习惯，什么时候开始都不晚！甚至孩子上学了，作息习惯、学习习惯都仍然需要父母重视引导。

越早开始尊重式规律作息，就越早地领悟到为人父母的哲学。

尊重式规律作息，什么时候开始都不晚。

规律作息，让育儿超级轻松

孩子出生后，我的生活失控了！

结果……

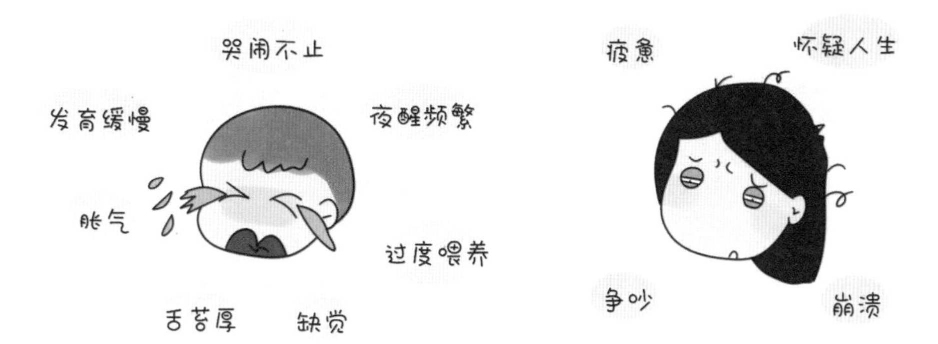

哭闹不止
发育缓慢
夜醒频繁
胀气
过度喂养
舌苔厚
缺觉
疲惫
怀疑人生
争吵
崩溃

规律作息
睡得香
宝宝开心
玩得好
妈妈轻松
可能吗？？天方夜谭吧？？
熬了半个月
忍！无！可！忍！
行了！我才是孩子他妈！
我的孩子我做主！

不管那么多了！
照葫芦画瓢，我要试试！
这样的日子我受不了了！

第一步：观察记录

- 宝宝现在吃奶间隔
- 每次吃奶时长
- 能清醒的时长
- 睡眠总时长
- 睡眠次数
- 大小便情况
- 精神状态
- 夜醒次数
- 夜醒表现
- 哭闹的原因

不直接套用他人表格，
尊重自己孩子的需求。

第二步：制订计划表

作息计划表

8:00	早餐
11:00	午餐
14:00	下午茶
17:00	晚餐
20:00	睡前奶

睡觉时间很难控制。那我就先控制最容易的吃奶时间吧！

根据记录，
宝宝完全吃饱可以支撑2.5～3小时，
我就定个稍微有挑战性的3小时计划吧！

第三步：执行计划

清晨5：00~7：00 回笼觉

其实也没那么固定啦，大概在5~7点宝宝会自己醒来找奶。喂完奶后，他不一定会立马入睡，我也不会干预他，打开床铃让他自娱自乐吧！

早晨8：00 晨奶

也不知道这个小家伙什么时候又睡着了，不管怎样，太阳晒屁股啦！新的一天从晨奶开始！

吃

- 如果宝宝在晨奶之前起床，那就让他玩会吧！早饭还要再等等。

- 如果宝宝还在贪懒睡觉，轻轻唤醒他，确认他清醒后开始喂奶。（小秘诀：可以先换个尿不湿）

当然啦，时间不用卡得那么死，这不是军训！
7：30~8：30之间都可以喂奶。前后有半小时弹性。
但我会有意识地每天减少一点弹性，努力向计划靠拢。

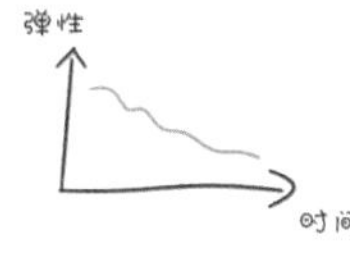

玩

打开玩耍宝典，选择几样活动：
视觉追踪/被动操/唱歌/参观房间 

用心观察宝宝的睡眠信号。

哟！快看他眼神开始发直了！上床！

眼睛明明还睁得大大的！再玩会儿！

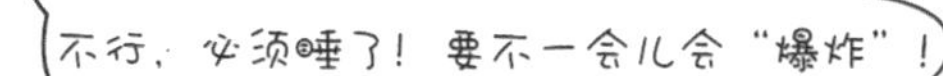

开始睡前仪式：拉窗帘、穿睡袋、塞奶嘴放小床、开床铃。

进入哄睡阶段：
·如果宝宝情绪好，先不干预，试试让他自己睡。妈妈在他身边细细观察。
·如果宝宝情绪不好，用优先级比较高的安抚方式，转移注意力，安抚情绪。
·如果其他安抚方式失效，宝宝哭了，果断抱起宝宝，哄至情绪平稳后放回床上。

尽量不用喂奶止哭的方法！宝宝困了，不是饿了，他需要睡觉，而不是喝奶！

妈妈

趁机补个觉或者准备午饭。

中午11：00 午饭时间

吃

母乳小厨房准备就绪，找一个安静的角落，享受美好的午餐吧！

如果宝宝还在睡觉，看看时间：
·刚睡一会儿，好吧，通知小厨房延后半小时开饭。过了半小时，轻轻唤醒宝宝吃饭。
·睡得比较久了，不用等了，直接叫醒宝宝吃饭。

玩

打开玩耍手册，选择几样活动：自己玩耍、午后阳光浴、趴趴爬爬、听音乐。

睡

哟！发现睡眠信号！上床！开始睡前仪式，注意接觉。

妈妈

吃午饭、睡午觉。

照顾好自己，
才能照顾好宝宝。

下午14:00 下午茶时间

吃

如果前面有提前喂奶的情况，这一顿的时间可以往后延一点儿，努力向计划靠拢。

玩

打开玩耍手册，选择几样活动：
妈妈可以散步社交、运动，宝宝可以吃手、照镜子、趴趴爬爬、听音乐。

· 如果宝宝早晨睡得不够，那么这一觉就可以睡得时间长一些。
· 如果宝宝早晨睡得不错，那么这个阶段可以做些“放电量”大的活动。

妈妈

午后休闲时光：运动、聊天、看电视剧、看书。

下午17:00 晚饭时间

吃

在安静的角落喂奶，可以提高宝宝的吃奶效率哟！

玩和睡

如果宝宝一天都没休息好，这时会出现黄昏闹，不停地哭哭啼啼，妈妈可以暂停宝宝的活动，让他先睡个小小的黄昏觉，补充体力。
黄昏觉醒来后，可以洗个澡、抚触按摩，充分“放电”，为后面即将来临的夜觉做准备。

晚上20:00 睡前奶，夜晚来临

吃

尝试把睡前奶和晨奶时间固定下来，不用担心晚饭和睡前奶间隔太近，夜觉前的密集喂养可以让宝宝吃得饱饱的，美美地睡个好觉。

吃完奶，换上干爽的尿不湿，给宝宝来一个加长版的睡前仪式，然后上床睡觉。

妈妈

呼！终于解放啦！忙碌但充满节奏感。自己的生活可以开始咯！
记住不要“过嗨”，早点儿睡觉。

半夜0：00~6：00 夜奶时间

- 如果宝宝完全醒来，妈妈要保证夜奶一次喂充足，让孩子吃得饱饱的。
- 如果宝宝吃两口就睡，妈妈可以挠挠他的手心，用湿巾擦擦耳根，让他起来认真吃奶，吃饱为止。

第四步：复盘调整

如果宝宝出现睡眠倒退，妈妈要重复第一步，检查宝宝作息是否需要重新调整。问题出现反复时不要慌张，继续规律作息，坚持：

抓大放小，分析宝宝的作息

每次反复都是宝宝成长的表现，反复过后，宝宝的能力都会上一个台阶。

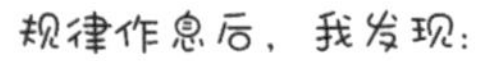

规律作息后，我发现：

- 我与宝宝有默契了；
- 真正做到准确判断宝宝的需求，并及时满足；
- 找到生活节奏，越来越轻松；
- 宝宝特有安全感，每天很开心；
- 我有自信了，不被舆论左右。

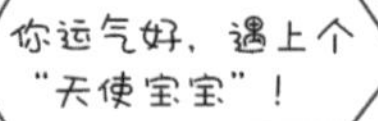

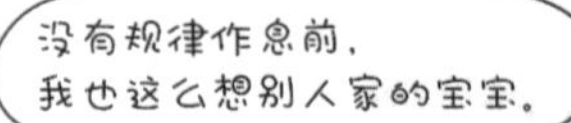

我是“天使宝宝”！

第3章 真正的按需喂养

每个新手爸妈都听说过一个词——按需喂养，但是却很少有人会明确地告诉你什么才是真正的按需喂养。按需喂养的“需”到底是什么需求？该如何判断？喂多少孩子才真正吃饱？

本章将带你认识真正的按需喂养。同时，将带你学习如何把辅食引入变成一门艺术，让辅食成为高质量的美食启蒙。针对大月龄宝宝，本章还给出了一套自主进食的引导方案。

学完本章，你会了解如何打造一个健康、快乐的“吃货宝宝”。

真正的按需喂养到底是什么

我在做咨询的时候，经常遇到有妈妈问这样的问题：

医生说了要按需喂养，到底什么是按需喂养？

我妈说了小孩哭了就是想吃奶，赶紧喂奶，这就是按需喂养，是真的吗？

新手爸妈可能都听过按需喂养，但是很少有爸爸妈妈能够判断孩子的需求，并且知道真正的按需喂养到底应该是什么样的。

真正的按需喂养 = 规律喂养

新生儿的主要使命之一是使其单个行为协调有序。刚出生的婴儿难以分辨日夜，生物节律（包括消化周期、清醒周期、睡眠周期）也处于混乱状态。因此，新生儿最需要的就是尽快找到自己的生物节律，稳定自己的生物钟。

而父母最需要做的就是找出孩子各项需求的规律，帮助他尽快梳理出自己的规律作息，并且及时、准确地满足他的需求。

养育孩子的头半年，父母会发现孩子的基本需求只有四类：吃、拉、玩、睡。如果仔细记录，会发现每一项需求都有一定规律。同时这几项需求相互紧密联系，有一项出现问题，其他几项都会受到影响。

对于新手爸妈来说，面对一团乱麻的问题，首先需要梳理一个线头，再顺着这根线一点儿一点儿捋顺。规律作息就是这个线头，在规律作息中最易实现的就是规律喂养。“如何建立孩子稳定的消化周期”是新手爸妈需要思考的首要问题。

真正的按需喂养，就是尊重孩子的饥饿需求规律而进行的规律喂养，判断标准有两个：饥饿信号和消化周期。

制订作息计划的过程本身，就是对孩子的消化周期、睡眠周期、清醒周期的梳理总结，找出这三个周期的时间规律。但是作息计划和实际执行情况中间还有一定的“弹性”，这个“弹性”就是以孩子当下状态为判断标准的。

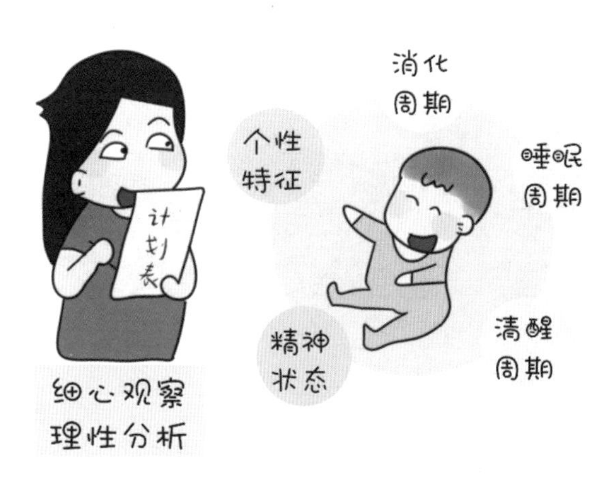

所以，虽然有计划，但规律喂养实际执行的时间一直是处于动态变化的，父母要根据孩子的饥饿信号、当次进食的状况、上次进食的状况等综合因素，对当下情况做出评估。当确定孩子有特殊情况，同时饥饿信号出现，时间计划“退居二线”，父母可以灵活地根据自己的判断及时喂奶。

规律喂养，要求父母细心地观察，理性地分析，最终做到理解孩子真实的需求，及时给出正确的回应。规律喂养尊重新生儿的生物节律，将父母定义为孩子的帮手。

规律喂养需要使用前文提到的 “抓大放小法”，强调多问几个“为什么”，强调“弹性”。

知道“为什么”，比知道“怎么办”重要！

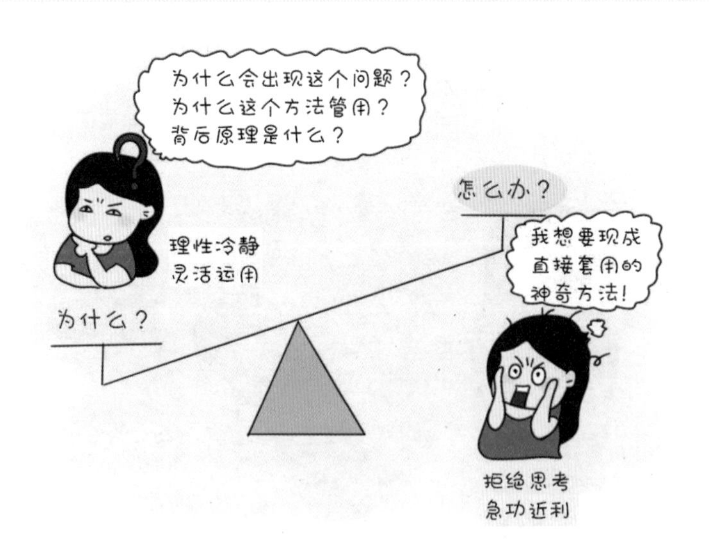

规律喂养的准则

规律作息的首要任务是建立稳定的消化周期。尽早建立稳定的消化周期，家长就可以通过时间、进食量、精神状态等综合因素准确判断捕捉孩子的饥饿信号，并及时满足孩子，做到真正的按需喂养。

规律喂养的首要原则是孩子每次吃奶都是充足的。

针对不同月龄的孩子，喂养参考值如下。

规律作息下不同月龄吃奶量参考				
月龄	单次瓶喂量	参考时长	喂奶间隔与次数	夜奶次数
0~15天	30~90毫升	30分钟	2小时/8~12次	不定
15~30天	60~120毫升	25分钟	2~2.5小时/8~12次	2~4次
1~3月龄	90~240毫升	20分钟	2.5~3.5小时/6~8次	1~2次
4~9月龄	150~240毫升	20分钟	3~5小时/4~6次（包含辅食）	0~1次
9月龄以上	200~240毫升	15分钟	与大人吃饭时间同步	0次

注意：以上数据仅供参考，请勿纠结于具体数值。孩子的成长状态差异大，以孩子的状态为准！

以上数值均为参考值，每个孩子的成长有差异，遇到猛长期时奶量会突增，喂奶间隔也会缩短；遇到胃口不好、厌奶期时进食量减少。最重要的参考标准是孩子的精神状态，只要精神状态良好，且体重等生理指标在成长曲线正常范围内，就不用过于纠结、焦虑。

注意：孩子的体重变化也不是匀速的，可能会出现一段时间猛长、一段时间平稳不增长的情况。父母需要根据长期趋势判断，不

用每天测量。只要孩子精神状态好，基本都不会有问题。如果怀疑有问题，请尽快咨询专业的儿科医生。

稳定消化周期可以采取温和、循序渐进的方式建立：先顺应孩子现有消化周期制订喂养计划，等孩子适应2天后，尝试每次延后5～10分钟喂奶，以此来延长喂奶间隔。晨奶、睡前奶只需要确定在一定的时间范围内，在这个范围内有弹性地执行即可。比如计划早晨8点喂晨奶，那么7点半～8点半之间都可以喂晨奶，随着孩子不断地适应，一点儿一点儿减少弹性时间，向计划表靠拢。

规律喂养常见问题

Q1.如何确定晨奶时间和睡前奶时间？

在规律作息的实操过程中，父母会发现：晨奶和睡前奶的固定，会帮助宝宝固定晨起和夜觉的时间，建立昼夜观，进而让全天作息稳定下来，对于生物钟的养成至关重要。生物钟一旦形成，孩子就可以做到“到点就困，到点就醒”，如同体内装上一个小闹钟，这会大大降低哄睡难度，使父母可以更加准确地捕捉孩子的各项生理需求。

但是有很多父母也会陷入误区，过度纠结晨奶与睡前奶的固定，尤其是晨奶的固定。因为宝宝晨起时间的不确定，晨奶固定是规律喂养中的一大难点。

对于刚开始进行规律作息或者4月龄以下的孩子，优先稳定睡前奶时间。晨奶不用强制固定，可以确定一个时间范围，在这个范围内根据孩子晨起情况，有弹性地执行即可。

● 如果孩子醒得早了，你有以下选择。

1. 等待10～15分钟，看看孩子有没有可能继续睡，很多时候孩子早晨醒来玩一会儿，然后接着睡“回笼觉”，其实还是属于夜觉范围。

2. 如果孩子确实不睡了，可以先尝试转移注意力，但如果孩子坚持不住就果断喂奶。

有的妈妈会说“提前喂晨奶，会让全天作息都变得混乱了”。

其实不然，你可以选择让全天所有计划都向前顺延。也可以选择在后续周期里，每次喂奶时间都可以稍微延后一点儿，到夜晚入睡时回归计划即可。或者还可以选择提前喂时少喂一点儿奶，等到了计划中的晨奶时间再喂一次，以保证实际情况与计划偏差不太大。

● 如果孩子起晚了，可以让他稍微多睡一会儿，如果超过计划中的晨奶时间半小时，就可以尝试轻轻唤醒他吃奶了。

● 如果孩子昼夜颠倒情况严重，则需要父母主动一点儿，为孩子决定晨奶和睡前奶时间。到了晨奶时间轻轻唤醒孩子，并进入白天的规律作息周期里，只需坚持几天即可改善昼夜颠倒。

Q2. 小睡太短，导致奶点和睡点撞在一起怎么办？

小睡短且没有自主入睡征兆的孩子可以尝试提前接觉。家长先观察1～2天，就会发现孩子醒来的时间非常有规律。确定好孩子醒来的时间后，在这个时间点提前播放白噪音、哄睡音乐等，观察一下孩子醒来的状态，是不是惊跳等原因导致，如果孩子有醒来大哭的迹象，可以及时尝试用奶嘴、拍拍、按手或打襁褓等方式接觉。

如果孩子月龄小、接觉易失败，可以采用“吃—玩—睡—玩—睡—吃”的模式暂时作为目前的周期，先行引导规律喂养，形成稳定的消化周期。

如果到了奶点，孩子刚刚睡着，可以先让孩子补觉，将奶点延后半小时。

如果到了奶点，孩子还没睡着，并且又困又饿，可以先让孩子吃饱饭，吃完补觉。

Q3.孩子醒来就要喝奶，如果不给奶就一直哭，可是还没有到奶点怎么办？

当别的方式无法安抚孩子、转移孩子的注意力时，可以喂奶，喂充足后继续按照计划表进行，只要确保固定的喂奶间隔即可。如果孩子后续状态良好，尝试后面几次喂奶时间稍微延后几分钟，以此回归到原有计划。不强求，以孩子有良好状态和妈妈不焦虑为原则。

如果长期出现这种情况，应该重新记录孩子现有的消化周期，分析是否目前的作息计划安排不妥，根据孩子自身状况重新制订作息计划，慢慢地延长喂奶间隔。

如果只是短期出现这种情况，需要考虑上次喂奶量是否足够，喂奶时长是否需要延长，可以尝试加一些奶量延长消化周期。

Q4. 每次小睡时长不等，有时长，有时短，喂奶间隔很难固定怎么办？

喂奶是喂奶，睡觉是睡觉，不要混在一起。固定喂奶间隔是为了固定孩子的消化周期，白天以稳定喂奶间隔为主，前后半小时弹性时间，即奶点可向前或向后移动半小时。当然弹性的大小是根据规律作息的进度来控制的，如果处于调整初期，可以将弹性放大；如果已经进行一段时间规律作息，应该将弹性控制得越来越小，最终使奶点趋于稳定。

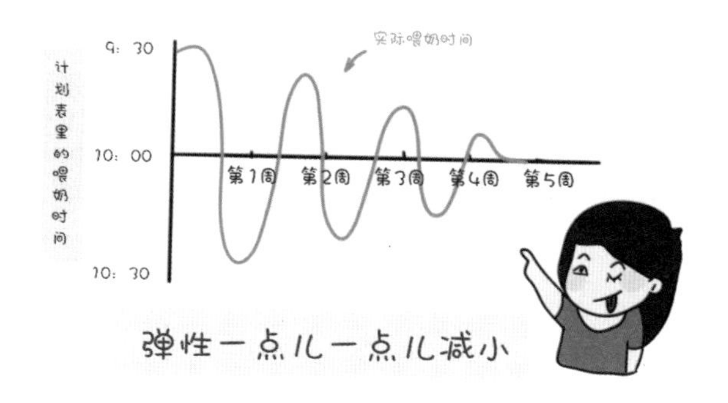

如果孩子的小睡比较短，可以在他醒来后让他先玩一会儿或者等待睡眠信号尝试再次入睡，到奶点再喂。

小睡如果超过了奶点，半小时内不要紧，过了半小时应该将孩子唤醒喂奶。

Q5. 夜间需要按间隔喂奶吗？

不需要。夜间以孩子睡眠为主，孩子在晚上消化很慢，睡梦中需要的奶量很少，如果可以睡很长时间是最好的，不要主动打断孩子的完整睡眠。夜间只需要等孩子自己醒来，同时判断他此时是不是真的饿了，再进行喂奶。

如果夜间涨奶，妈妈可以将奶挤出排掉，防止堵奶。有些孩子睡整觉后，妈妈经过一段时间的适应，会达到母乳供需平衡，只在孩子需要的时候产奶。

自主进食养成法

从孩子有抓握能力开始就可以有意识地引导自主进食了，一般来说在8～10个月开始比较好。当孩子开始自主进食的时候，他制造麻烦的水平也会快速升级，但是请宽容对待这些麻烦，因为相比于培养孩子独立自主能力而言，处理这些小麻烦是小菜一碟。

在引导孩子自主进食时，有6个要点需要注意。

1. 当你的孩子可以抓握勺子时，给他一把勺子，鼓励他自己尝试将勺子放进嘴里。给孩子提供儿童专用餐具，方便他更快掌握使用餐具的方法。你也可以示范给他看，如何抓住勺子并把勺子放进嘴里。但不要强迫孩子必须立马掌握勺子的正确用法。在最初的一段时间，他很有可能把勺子当作玩具，不要苛责他的探索。

2. 给孩子提供便于用手抓握的手指食物。让孩子通过抓捏起块状、条状食物，品尝味道，感知食物的质感。让孩子通过自己的动作，将食物塞进自己嘴里，体会进食过程的快乐，完成进食。

3. 为了减少麻烦与混乱，你可以每次只给孩子提供少量的食物。等他吃完再提供新的食物，而不是一下给他满满一碗。你也可以选择一块很大的围嘴，或者在地上铺一块塑料布，方便收拾残局。

4. 要允许孩子探索体验食物，适当的抓捏都可以让孩子喜欢上自主进食。但是也要注意设定界限：在他弄得乱七八糟，让你感到不适之前结束进餐。不要把进餐时间变成一场大呼小叫的闹剧。

5. 不强迫孩子进食，当孩子真的不想吃的时候，就收起食物，不用去追喂。让孩子明白吃饭时间就要认真吃饭，如果这顿饭因为贪玩没吃饱，就要忍受一小段饥饿到下一顿才能吃。规律进食，到点吃饭，保证孩子的消化系统稳定，可以避免孩子在吃饭时间三心二意。

6. 固定就餐地点与环境。让孩子养成定点进食的好习惯。全家人一起进食时，让孩子坐在餐桌旁，融入家庭进餐时间。

把辅食添加变成美食启蒙

辅食引入的时机

4个月已经进入学习咀嚼和味觉发育的敏感期，孩子到了4～6个月，添加辅食最为理想。

添加辅食需要满足以下必要条件。

- 4～6个月。
- 挺舌反射消失，喂食的时候孩子不会把食物顶出来。
- 唾液分泌量增加。
- 体重是出生时的两倍，至少达到6千克。
- 少许帮助下能够坐起来，可以通过转头、前倾、后仰表示自己想吃或不想吃。
- 看到别人吃饭会感兴趣，想去抓勺子或者抢筷子。

还有一些辅助判断标准可以参考。

- 喂奶间隔已形成，4小时一喂，每天进食5～6次，吃奶已经满足不了孩子的成长需求。
- 只喝奶的情况下，体重增长情况不好。
- 频繁出现咬乳头，明明喝了很多奶却好像还是吃不饱。

辅食添加的基本原则

添加辅食时应根据孩子的实际需要和消化系统成熟程度，遵照循序渐进的原则。爸爸妈妈一定要有耐心，不能强迫孩子一下子就完全接受辅食，这样反而会适得其反。具体添加时间因每个孩子不同，每个妈妈的想法也不同，没必要拘泥于其他人的选择。辅食添加过程中有以下几个原则可以参考。

由单一到混合

每次只添加一种食物，经过3～7天的适应期后，再添加另一种食物，适应后再由一种食物到多种食物混合食用。每种新的食物可能尝试多次才会被孩子接受，如出现消化不良应暂停添加该种食物，待孩子恢复正常后，再从初始量或更小量喂起。天气炎热和孩子患病时，应暂缓添加新品种。

由稀到稠

从流食到半流质食物到软固体食物再到固体食物。比如刚开始添加米糊时可冲调得稀一些，使之更容易吞咽。辅食的性状可以分为液体食物、泥糊状食物和固体食物三大类。

液体食物
鲜榨果汁、菜汁

泥糊状食物
肉泥、菜泥、营养粥

固体食物
块状、条状

- 液体食物：果汁一类可饮用的食物。
- 泥糊状食物：菜泥、肉泥、粥类。
- 手指食物：比泥糊状食物更成型，但比成人固体食物更为细软，一般为条状、块状、饼状等。

量由少到多，质地由细到粗

开始的食物量可能仅1勺，之后逐渐增多，使孩子有一个适应过程。食物可先制成汁或泥，以利吞咽；当乳牙萌出后，选择的食物可以适当粗一些、硬一点儿，以满足孩子的咀嚼能力发展。

不强迫进食

当孩子不愿意吃某种食品时，不要强迫他，可以等他饿的时候重新尝试。

因人而异，单独制作

孩子的辅食要单独制作，不要加盐和调味品，少糖。添加的食物应注意食品安全和卫生。喂给孩子的食物最好现吃现做，不要喂剩下的食物。

辅食的最终目标：让孩子慢慢融入家庭用餐节奏

孩子6个月以后，我们为什么要给他添加辅食？

因为之前的液体食物已经不能满足他的成长需求，此时需要补充固体食物，并让孩子的进食模式向成人进食模式靠拢。固体食物从6月龄的最初尝试，到12月龄后就会变成进食的主要组成，而奶会慢慢“退居二线”。这也是孩子一点儿一点儿融合进家庭作息的过程。所以6～12月龄的辅食添加重点是让孩子过渡到家庭统一的节奏里。

添加辅食后，每次进食时，辅食和奶同时添加。如果想让孩子多吃些辅食，可以用“先辅食后奶”的顺序喂食；如果想让孩子多喝奶，可以用“先奶后辅食”的顺序喂食。

想要保证规律作息，最忌讳的就是在两顿奶中间添加辅食，这相当于人为地将孩子本来比较长的消化周期打断，缩短了消化周期。有很多孩子在添加辅食前已经可以睡整觉，添加辅食后却出现夜醒频繁的情况，究其原因都是白天的进食间隔缩短，导致孩子每次进食量变小，不足以支撑很长时间，夜间也频繁被饿醒。比如有的孩子在4个月时已经可以做到4小时喂奶间隔，添加辅食后，吃完奶过2小时吃辅食，再过2小时又要吃奶，实际进食间隔从4小时缩短至2小时，这直接影响了他的夜醒次数。

如何把辅食变成美食

想让孩子爱上辅食，首先要改变我们对辅食的看法。辅食对于孩子来说如同一场充满趣味的冒险。每一样食材、口感对于孩子来说都是全新的人生体验。我们可以将辅食变成对食物的审美与欣赏，和孩子讨论他第一次吃到的食物；可以将蔬菜、水果当作孩子的饮食启蒙课程，让他多多尝试不同的口感和食物的原味，丰富他的味觉。作为父母，你要学会如何带孩子欣赏每一种食物。所以给孩子进行辅食添加时，不要轻言放弃，想想如何变化菜式，如何搭配才能让辅食变得美味，勾起孩子吃饭的欲望。

除此之外，在孩子第一次吃辅食时，你需要和他一起学习以下餐桌礼仪。

- 固定在一个舒适的环境进食。
- 喂食的时候注意与孩子交流进食情况。
- 在孩子学会抓握后，让他有机会学习自主进食。
- 在孩子不想再吃时，不逼着孩子继续进食。

进食时间应该是一段优质的亲子互动时间。如何让喂食的互动变得更为优质？《婴幼儿及其照料者》中提供了两个对比案例，可以让你身临其境地体会喂食互动的不同质量。

设想你是戴着围嘴的婴儿：

你听到熟悉的声音对你说："该吃苹果泥了。"环顾四周，你看到一把勺子、一只手和一小盘苹果泥。你希望花点儿时间真正地体验这一切，感受一下此刻的安逸和期盼的心情。这时那个相同的声音又说道："准备好了吗？"随后，你就看到这把勺子递到你的面前。你有充足的时间张开嘴含住勺子。你感觉苹果泥吃进嘴里了，你在感受它的味道。你感受到了它的质感和温度，在咽下苹果泥之前，你尽情地品尝着，有些苹果泥咽到喉咙里，有些流到了下巴上。你抬头寻找那张熟悉的面孔，那张面孔会让你愉悦。这时，你再次张开嘴，你感觉有人温柔地擦了擦你的下巴，然后又喂了你一勺苹果泥。你探索着，当你吞下去时，产生了一种对下一勺苹果泥的期待。当你张开嘴想再吃一口苹果泥时，这些感觉都涌现出来。

请你将上述场景与下面的例子进行对比。

你感到自己被重重地放在一个餐椅上，照料者一言不发。一条安全带环绕在你的腹部，你被单独留下，面前只剩一个空的托盘。你敲打着这个托盘，它和椅背一样冰冷、坚硬。你开始不耐烦了，看来你仿佛要永远坐在这里，你扭动着身体。突然，一把勺子放到你唇间，强迫你张开嘴。你一边吃着苹果泥，一边抬头看向拿着勺子的人。当你蠕动舌头准备吞咽苹果泥时，那把勺子再次放到你的唇间，你不得不张开嘴，当你的嘴被另一勺苹果泥塞满的同时，你看到一个面无表情、心不在焉的人。你品味着苹果泥，大口咀嚼，有些从你的齿间流到下巴上。你感觉金属勺子使劲儿刮你的下巴，那个人正在用勺子收集流到你下巴上的苹果泥，更多的苹果泥又放进你的嘴中。你不得不在还没吞咽完时又吃进更多的苹果泥。你觉得自己必须在下一勺苹果泥进来前，赶紧把嘴里的苹果泥咽下去。

更多的苹果泥被挤出嘴巴，流到下巴上。你只能感觉勺子不断地进进出出，刮来刮去，这种感觉一直包围着你，无法想象。

本书一再强调尊重孩子的重要性，其实尊重就体现在你与孩子互动过程中的一点一滴。记住前文提到的换位思考，站在婴儿的角度想想他的感受，你就会知道怎么做才是对的。

婴儿喂养的误区与真相

作为新手爸妈，因为缺乏经验，难免会陷入一些误区。这里我们先来认识一下新手爸妈常见的喂养误区以及真相，让我们在喂养的路上少走些弯路。

误区1

宝宝哭了就是要吃奶

真相：孩子的哭表达的含义千差万别，你需要学习分辨孩子的哭声，并且根据他的需求对症下药，喂奶绝对不是止哭的唯一手段。

而且，你不一定要等到孩子饿哭才喂奶。当孩子作息规律时，你会在他开始哭闹前，就能通过他的其他“语言”，轻松接收到饥饿信号，比如临近奶点，孩子开始盯着你的胸看或在你胸前蹭等，这些行为都可以替代哭声成为你判断孩子是否饿了的主要信号。

误区2

按需喂养就是随时喂养、一哭就喂

真相：有些新手爸妈把“按需喂养”理解成“随时随地喂”“只

要哭了就喂”。但是真正的“按需喂养”恰恰不是随意喂养，更不是按哭喂养，而是在父母观察、分析孩子的饥饿需求规律，准确判断饥饿信号后的规律喂养。

规律喂养可以让孩子的消化周期趋于稳定，生活更有节奏，真正做到“吃得好，吃得饱”。

误区3

只有母乳亲喂才是建立安全感的最佳方式

真相：不要将任何一种具体行为与安全感强行挂钩。

如果母乳亲喂对于妈妈来说是件既轻松又幸福的事情，那当然再好不过。但如果母乳亲喂对于妈妈来说比较痛苦，最终不得已选择了瓶喂或者奶粉，这也完全不会影响孩子的安全感建立。

不管你用什么方式喂你的孩子，都不会影响良好的亲子关系的建立。真正决定亲子关系建立的是轻松愉悦的家庭氛围、良好的夫妻关系以及尊重式育儿下的规律作息。

误区4

喂奶这件事只有妈妈可以做

真相：如果是母乳亲喂，喂奶这件事其他人虽然很难代劳，但是新手爸爸适时地端上一杯水、一条热毛巾，也可以参与到喂奶的活动中。如果选择瓶喂，那么孩子的爸爸也可以做喂奶这件事。在养育孩子这件事上，父母的责任是对等的，爸爸参与喂奶，既可以分担妈妈的辛苦，也可以体验喂奶的喜悦。

误区5

孩子只要在夜里醒来就必须喂奶

真相：孩子夜醒有很多原因，妈妈应该保持清醒的头脑，判断孩子夜醒的原因。如果孩子因为饥饿醒来，那么不用犹豫，立马喂足量的奶，让孩子吃饱继续睡觉。如果孩子醒来并不是因为饥饿，请在排查睡眠环境和孩子身体状况后，用其他安抚方法哄孩子入睡。

误区6

奶睡很方便，我觉得奶睡不是什么大问题

真相：夜间可以奶睡。但是前提是孩子吃了充足的奶量后睡

着，而不是吃一半就睡着了。

建议不要让孩子长期在白天依赖奶睡。规律作息三大基本原则中的“吃和睡的联系切割开”原则强调了这一点。当吃奶与睡觉建立联系，孩子就很容易进入恶性循环：每天不停地吃奶，边吃边睡，消化周期混乱，每次吃的奶量都不足以支撑较长时间。即使进入睡眠也会很快饿醒，再次哭着找奶。不停地吃奶很容易引发过度喂养、胀气，因此加剧了孩子生理上的不适。夜间因为消化周期混乱，打乱了本该持续很久的长睡眠。孩子全天都会陷入“哭着找奶—睡着—肚子不舒服—哭着找奶—睡着—肚子不舒服”的焦躁状态。

并且，不断地喂奶也会让妈妈筋疲力尽，很多妈妈也因此放弃了母乳。

白天不奶睡的主要目的是保证孩子在吃奶时间就专心吃奶，吃饱后活动消化一下，精力用尽后再美美地睡一觉。

“小吃货”养成记

0~4个月

那时我还只是一个小宝宝，每天最快乐的时光就是：

躺在妈妈怀里吃奶！

我经常边吃边睡，因为实在太舒服了！

后来每次睡前不来两口奶，就浑身痒痒！

虽然每次喝上奶后感觉挺满足，但我只是喜欢咂巴奶头的感觉。

每次一咂巴嘴，就有奶水流出来，接着我的肚子就感觉胀疼胀疼的。

有时饿得不行，一吃奶就犯困，然后我就睡着了。

但过一会儿，肚子又会饿得咕咕叫，被饿醒的感觉太糟糕了！

我感觉一整天都又困又饿，肚子不舒服，心情也不好。

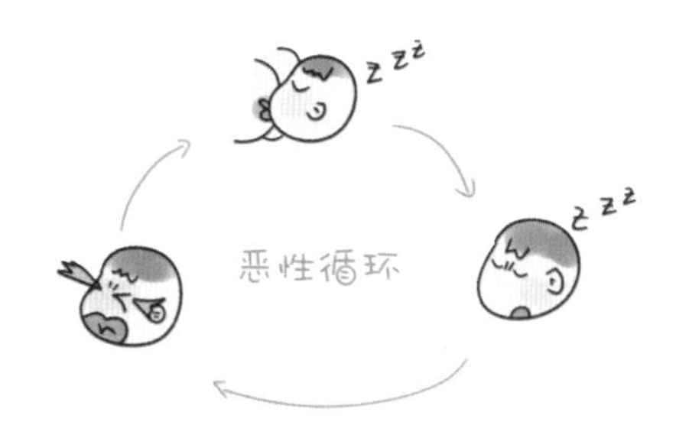

直到有一天，

我又因为肚子疼痛而大哭。

后来，

妈妈都会找一个安静的角落给我喂奶，如果我吃着吃着睡着了，她会用各种招数把我唤醒，让我继续吃奶。每次吃完奶，她还会陪我玩一会儿，再哄我睡觉。

吃 ——→ 玩 ——→ 睡

刚开始我很抗拒。

但是几天过后，
我发现自己的肚子不再疼了，
睡觉也不会被饿醒了，
玩的时候精力十足，
每天感觉好极了！

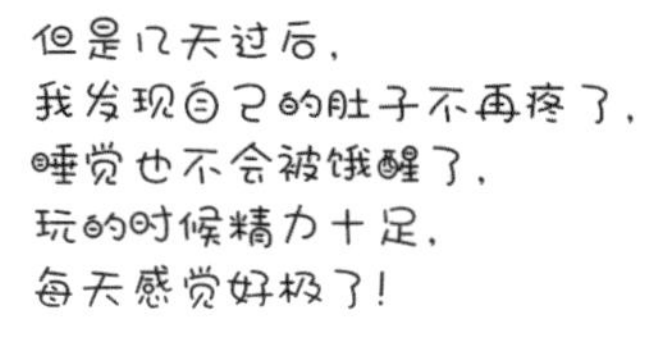

而且我再也不用通过哭来通知妈妈：“我肚子饿了！”

现在妈妈好像很懂我，我刚觉得肚子空空准备找奶的时候，妈妈就已经抱起我给我喂奶了！

人生四大乐事：
有人懂我；
吃得饱；
玩得好；
睡得香。

5个月

爸爸妈妈在吃什么好东西？
他们为啥不喝奶？
我好想尝一尝哦！
口水流下来

儿科检查

医生，她可以添辅食了吗？
嗯，可以了！
法国儿科医生

第一口辅食要加米粉吗？
不一定，不用那么死板，可以试试胡萝卜泥、苹果泥！
宝宝的第一口食物只要保证不过敏，可以多一些趣味性！
要让食物变成美学！

哦，法国人！
什么都要讲究美学的法国人！

宝宝的法式美食艺术

·米粉并不一定必须成为宝宝的第一口食物，可以来点儿有趣的蔬菜水果。不要把食物变成无聊的教条主义，只要保证不过敏的底线。

·不随意给孩子零食，让孩子吃饭时间好好吃饭，进行有规律的喂养。如果想要喂零食，可以固定在下午茶时间。

·每次引入新食物，要充满感情地向孩子介绍这种食物。

·按顺序上菜，先上蔬菜，接着上主食，然后上水果酸奶，最后上奶或果汁。不要一下把所有食物端上来，吃完一点儿再给一点儿，防止吃饭变成闹剧。

·妈妈负责选择食材，孩子负责决定食量。当他不想吃了，不去强求。

·多多尝试不同组合搭配，让食物颜色丰富一些，营养多元一些。

·让进餐时间不长不短，恰到好处，半小时上下为佳。

·让孩子加入家庭聚餐，和父母一起吃饭。

——摘自帕梅拉·德鲁克曼《法国妈妈育儿经》

儿科检查回来后，每天吃饭时间就成为欢乐的互动时光。

看呀，今天的主食是胡萝卜！
这可是小兔子的最爱呢！
我先尝一口试试，
软软的、绵绵的、甜甜的，
你要不要试一试？

7个月

我已经吃过大部分常见的蔬菜和水果，可以开始尝试一点儿肉了，那又是另一种诱人的口感。

最有趣的是混合搭配！比如：
土豆和西红柿的组合与土豆和胡萝卜的组合。

味道完全不一样呀！

但是我不喜欢芹菜和土豆的组合。

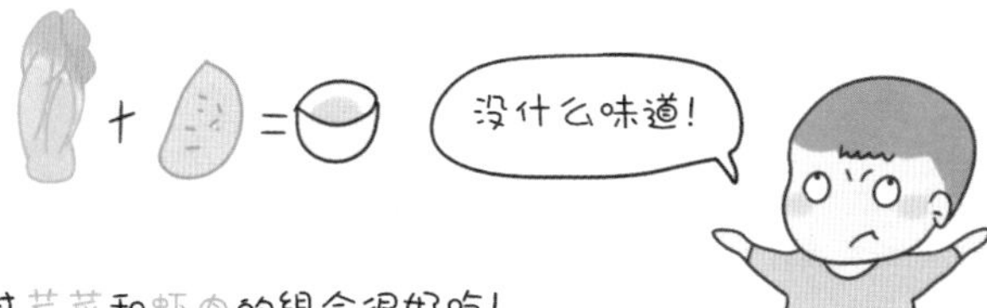

不过芹菜和虾肉的组合很好吃！

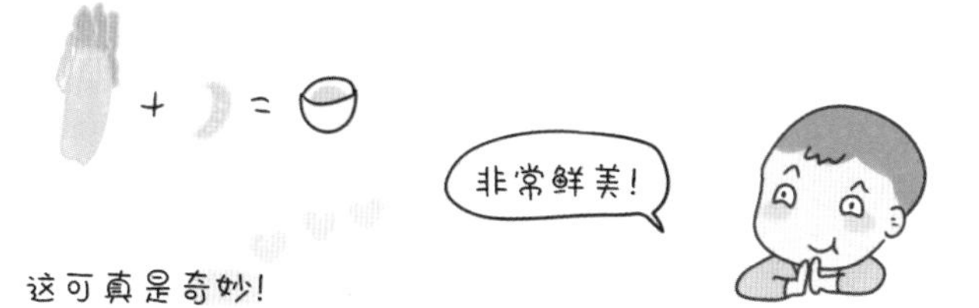

这可真是奇妙！

8个月

我开始喜欢抢勺子，妈妈会把勺子递给我。
可是……我不会用！

我生气地把勺子扔在了地上！

第二天，

妈妈神神秘秘地对我说：

我好奇地挥舞着双手
妈妈从身后摸出一个盘子。

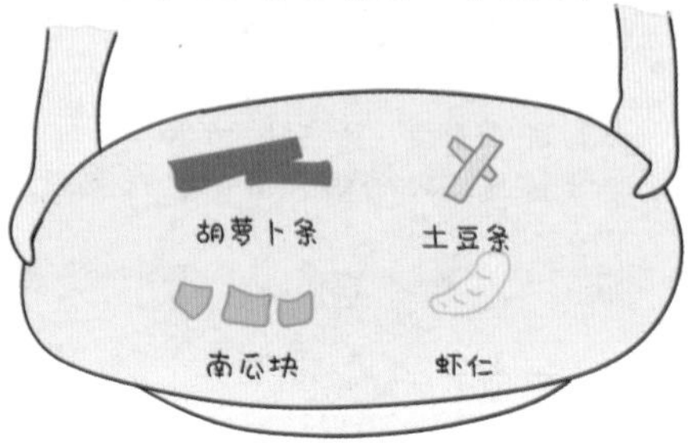

手指食物

我捏起一个萝卜条，放在嘴里，自己吃饭太有趣了！
我又get了一项新技能！

从那天起，我开始自己吃饭，妈妈也开始变着花样做我能用手抓的美食。

小饺子

小丸子

小馅饼

小饭团

白水虾仁

肉松

妈妈还给我炖得软烂的小鸡腿和小排骨，抱着骨头啃的感觉真好！

现在，我1岁了，最近我已经开始学习用勺子舀汤喝！

吃饭真是一件充满乐趣的事情啊！

这就是我第一年的美食之旅。

哟！饭做好了！
不多说了，我要吃饭去咯！

第4章 RAIN尊重式照料及早教

很多新手爸妈容易犯“头痛医头，脚痛医脚”的错误。他们习惯把注意力集中在睡眠问题或喂养问题上，却忽略了养育中最重要的环节是在孩子清醒时间段的照料与互动。

在尊重式规律作息的引导过程中，你会发现4月龄以上的孩子如果没有在清醒时间段得到高质量“放电”，将直接影响他的进食和睡眠状况。

而安全感的建立，也与清醒时间段能否做到RAIN尊重式照料及早教有直接关系。

本章将从如何安排孩子清醒时间段的活动入手，带你深入地了解婴儿的运动、认知、情绪发展进程，并且给出实操性极强的亲子互动与独立玩耍指南，让你的陪伴变成高质量陪伴，给孩子建立真正稳固的安全感。

何为 RAIN 尊重式照料及早教

随着孩子不断成长，他的精力越来越旺盛，清醒时长也会越来越长，需要的运动量也越来越大。

如果我们把孩子的精力值比作电池的电量，吃饭、睡觉就是在给他充电，玩耍活动就是在“放电”，如果他的电量没有耗尽，会直接影响睡眠质量。在4月龄后，妈妈要把关注重心从吃和睡转移到清醒时间段的照料、互动以及玩耍探索上来。妈妈需要对孩子的清醒时长进行记录分析，合理安排时间与活动，做到心里有数。

不同月龄清醒时长参考

这里列出不同月龄宝宝的清醒时长，此表格仅供参考。

早教的目标是提高孩子解决问题的能力。而这种能力养成分散在孩子每天的点滴活动中，所以真正意义上的早教都是在父母与孩子每次互动过程中完成的。

为了方便父母更好地将真正的早教思想渗透进日常点滴，我独家研发了渗透在日常生活中适合0～3岁孩子的RAIN尊重式照料及早教方案。

不同月龄清醒时长参考	
月龄	单次清醒持续时间
0~1月龄	30~40分钟
1~3月龄	45分钟~2小时
3个月以上	2小时以上，清醒时长与孩子活动强度挂钩： 活动强度高，清醒时长短；活动强度低，清醒时长长。 此时需要重点关注宝宝的睡眠信号。

注意：此表中的清醒时长包含吃奶时长。

RAIN尊重式照料及早教方案

最好的早教就像绵绵春雨，润物细无声，渗透在生活点滴中，这就是RAIN尊重式照料及早教方案的设计初心。

R（Respect）代表尊重式照料：让孩子有安全感的照料，是基于尊重式育儿的照料。

A（Accompany）代表高质量陪伴：陪伴不是分秒必争，而是全情投入。

I（Independent）代表自主探索：真正的爱不是束缚，而是放手。

N（Nature）代表顺应天性：最舒服的亲子关系是顺应天性，不仅顺应孩子的天性，而且顺应妈妈的天性。

当父母将孩子的清醒时间段合理安排为尊重式照料（R）、高质量陪伴（A）以及自主探索（I）三个部分，并将顺应天性（N）的思想融入这三个部分中，孩子就已经得到非常棒的早期教育。本章后续内容将展开讨论RAIN尊重式照料及早教方案在实际生活中的应用。

R——尊重式照料

月龄越小的婴儿，日常照料活动在他清醒时间段的时间占比越大。不要把日常照料活动变成一份枯燥的工作，试着将日常照料变身为尊重式照料，并把它视为与孩子建立信任的宝贵机会。

仔细观察你的孩子，你会发现他即使不会说话，也会用一些有章可循的肢体动作、表情回应你。这就是孩子的“语言”。在喂奶、拍嗝、换尿不湿、洗澡、哄睡等过程中，留心观察孩子的“语言”并与之互动。

设想以下场景：你是一个婴儿，你的妈妈要给你换尿不湿。

场景一：喋喋不休型

妈妈开始给你换尿不湿了，她一边扯下腰间的粘条，拉起你的脚，抬起你的屁股，飞快地换了一片新的尿不湿，一边放鞭炮似的说着一连串的话，你根本来不及听她在讲些什么，也来不及去回应她什么。你很困惑，她到底在说什么？

场景二：一言不发型

没有预告，你被一把抱起放在尿布台上。你躺在尿布台上看着天花板刺眼的光左右扭动着身体，突然你的脚被拉扯，裤子被扒下

来，“刺啦”一声，包裹在屁股上温热的尿不湿被人扯走，屁股上一阵凉风。不一会儿，毫无预兆，你的双脚被人提起来，屁股底下被塞上一片干干的尿不湿，妈妈面无表情地帮你包裹粘贴上，又一把将你抱起。整个过程非常迅速，但又如同赶时间般有些不耐烦和焦虑。

场景三：互动应答型

妈妈从远处朝你走来，她轻柔地对你说："小宝贝，你的尿不湿满了，妈妈帮你换一片吧！"说完她停了停，向你伸出了双手，你大概理解了她的意思，身体向前倾，妈妈看出你做好了准备，将你抱到尿布台上。

妈妈放下前，还摸了摸尿布台的温度，跟你说："稍微有点儿凉，宝贝，妈妈帮你焐一焐就好了。"然后，她轻轻地将你放在尿布台上，却不急于更换，而是俯下身与你面对面交流一会儿，或是唱歌，或是说些有趣的童谣，同时她还用温热的手轻轻地帮你抚摸肚子、做一做蹬腿的运动。

等你做好准备完全放松，找到舒服的位置后，妈妈对你说："准备好了吗？我们要换尿不湿了。"这让你充满期待。她的动作很轻柔，每一步都会用语言描述出来，并且会稍微停顿一下，关注你的表情和肢体上的回应，你的注意力一直集中在她的每一步动作和与她的互动上。换好尿不湿后，她张开双臂，对你说："我现在要把你抱起来了！"你听到这样的话也挥舞着双臂，身体向前倾，脸上挂着微笑，你被愉快地抱起来了。

妈妈在尝试用你能理解的速度、动作、语言、表情与你“对话”。

换尿布是我们每天会重复很多遍的最基础的日常照料，这里就可以看出父母是否会运用到“尊重式育儿”行为准则二——预报自己的行为，重视沟通互动，多去倾听孩子自己的“语言”，并及时回应。

从上面三个场景可以看出：

场景一中的妈妈想与孩子交流，但是却没有了解孩子的认知发展水平，以超出孩子实际交流能力的方式去对话。同时她只关注自己的单方面输出，并不关心孩子的反馈，也不期待孩子的互动，这样的互动是无效的。

同理，在清醒时间段的其他活动，有很多人喜欢与婴儿“聊天”，但如果你只关心自己怎么说个痛快，却忽略了去倾听和观察孩子的回应与表达，这样的互动不平等且低质量。

场景二中的妈妈把孩子当作没有思考能力和交流能力、脑袋空空的小可爱，觉得没有交流的必要，反正孩子也听不懂。照料孩子就是她的工作，像摆弄没有生命的洋娃娃一样，浪费了在日常照料活动中与孩子建立信任关系的机会。

场景一和场景二中，孩子虽然也被及时回应了需求，但是这种回应没有互动、没有建立信任感、没有双向交流。

场景三中的妈妈将换尿不湿看作与孩子互动的机会，尊重孩子现有的认知水准，并期待平等的交流，给孩子回应的时间，尝试理解孩子的“语言”，这是真正的尊重式育儿。

而孩子则会非常享受“换尿布时刻”，虽然他不一定能完全理解每一句话的含义，但活动过程的氛围、妈妈的语气与行为却能让他感受满满的爱。

当你理解了孩子的语言，学会如何与他互动交流，牢记“尊重式育儿”行为准则——保持一致性，建立健康安全感。当孩子长期以来都能被鼓励用他自己的“语言”表达需求时，他对你的信任就会建立起来。

实操课堂

尊重式照料活动的实操建议

1.向孩子预报你接下来的行为，并且仔细观察孩子的回应。

2.试着学习婴儿的沟通方式，用他喜欢的方式交流。与唠唠叨叨没完没了的“唠嗑”比起来，简短、清晰的词语，有趣、夸张的音调以及各种肢体动作的“对话”显然更符合婴儿的习惯。

3.当你与孩子“对话”时，注意保证言行一致，即正在说的话要与正在做的事保持一致，每次做同样的事时方式方法保持一致，这样有利于建立起孩子对你的信任。

4.不要频繁更换照料者，如果家庭成员较多，爸爸妈妈应该作为主要的照料者。

A——高质量陪伴

高质量陪伴时间是父母和孩子都参与其中的互动时间，在这期间父母可以和孩子面对面对话、一起玩游戏、外出散步等。亲子互动需要父母主动关注孩子的情绪变化，同时孩子也能给出相应回应。

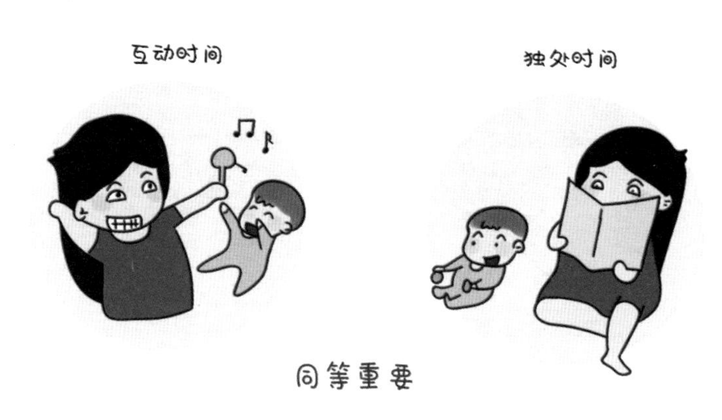

在与孩子互动游戏时，父母需要做的是：

- 判断孩子可以承受的最优压力水平。
- 给予孩子充分的关注，但不操纵孩子的活动和想法。
- 与孩子交流时，给出明确反馈。
- 以身作则而非说教，为孩子的言行树立榜样。

高质量陪伴要求父母自己先进入游戏环境，不是单纯的旁观者，并且要提前学习，精心准备设计，前期工作要充分，搭建设计环节需要下功夫。

但是到了具体开始游戏互动时，父母反而要学会退一步，尊重孩子的认知发展，时刻关注孩子的心理变化，谨记“尊重式育儿”行为准则三——不过度干预，给孩子留下自己解决问题的机会。

给孩子提供支持与帮助时，尽量提供孩子需要的最小值，提供帮助的目的不是代替孩子解决问题，而是鼓励孩子独立解决问题。

高质量陪伴可以围绕着大运动发展、精细动作发展、认知发展的进程安排一些游戏。

实操课堂

高质量陪伴的四类活动

- 运动练习

针对不同月龄的大运动发展和精细动作发展，引导孩子做些相应的运动练习活动，比如趴、抬头、翻身、坐、站、走、抓握等。

- 感官训练

提供一些视觉、触觉、听觉等感官刺激，比如听声寻物、黑白卡、不同触感材质的玩具。

- 肌肤接触

与孩子通过肌肤接触的互动活动，建立信任。可以参观房间、抚触按摩、练习亲子瑜伽、进行飞机抱等。

- 外出散步

天气晴朗的时候，带孩子多出去散散步，室外丰富的环境带给孩子的感官刺激更为充分。

以上四类活动可以均衡地安排进每天的作息计划中，这样家长就不会在孩子清醒时间段抓耳挠腮，想不出该和孩子玩些什么了。

1——自主探索

自主探索是指家长陪伴在孩子身边却不打扰孩子的活动。不指导，不约束，多观察，只在孩子需要时提供适度的回应与支持。

“脚手架”原则

美国教育家布鲁纳和匈牙利婴幼儿教育者玛格达·格伯提出过“脚手架”原则，即成人在与孩子互动的过程中，需要留意、设计、安排孩子可以学习的情景，这些情景里可以有一些符合孩子年龄能力的小问题、小困难，成人只需在旁陪伴，确保安全即可。这样做的主要目的是把问题留给孩子，鼓励其想办法自己解决问题。

父母在孩子玩耍的过程中扮演的是“脚手架”角色，即给孩子提供安全的平台以及一些游戏道具，由孩子引领，只在孩子主动提出需要帮助时，才给出适量的引导，引导的目标是让孩子自己解决问题。说教式的玩法是不提倡的，它不仅限制了孩子的想象，还会破坏游戏的乐趣。

"脚手架"原则

搭建好环境平台，
保留一些小问题，
让孩子自己解决。

教会孩子如何解决问题，
而非替孩子解决问题。

比如对于会爬的婴儿，可以设置一个排除危险因素的房间，设置一些简单的路障玩具，然后让婴儿独自尽情探索，成人只需在旁默默陪伴。

有的父母会觉得坐在孩子身边只看着孩子玩耍，却不教点儿什么是不负责任的表现，于是总想把游戏时间变成“课堂时间”。而这样的做法其实会干扰孩子的专注力养成。学会适可而止对于大人和孩子来说都非常重要，没完没了的高强度互动也会让人难以忍受，孩子和大人都需要各自不受打扰的独处时光。如果孩子的独处时光得不到满足，那他会通过心不在焉、走神、打盹儿等方式获得自己的独处时间，而这些行为正是在养成孩子注意力分散的不良习惯。

有时，孩子睡醒后会东瞅瞅西瞧瞧，或者吮吸自己的手指，躺在洒满阳光的婴儿床上，沉浸在自己的世界里，这样的美好时光正是属于他自己的时光。作为父母，不打扰他的独处时光，就是基于尊重的爱。如果孩子全天都被抱着、被逗弄，尽管此时他可能只想静静，或者上床睡觉，你却还按自己的想法要求孩子与你互动，这不是爱，而是控制。

有时，孩子在玩一件玩具时，用了很多意想不到的方式，可能是扔、可能是咬、可能是浸泡在水里，这时你只需要确保不发生危险，同时悄悄退出，静静等待，在孩子发出需要帮助的信号时再上前，这是基于尊重的爱。如果孩子刚拿起一件玩具，你就迫不及待地要求孩子必须按照“正确的玩法”去玩，不停纠正孩子的“错误”行为，这不是爱，而是控制。

引导孩子独立玩耍三步法

有的妈妈会说“我的宝宝无法独立玩耍，大人一离开他就闹”，这是对孩子独立玩耍的误解。让孩子独立玩耍不是指父母完全置之不理，对于还不能独立玩耍的小月龄宝宝，更需要父母循序渐进的陪伴式引导。你可以通过以下三步引导孩子学会独立玩耍。

第一步，选择符合孩子月龄发展的玩具，先陪他一起玩，引起他的兴趣。也可以自己示范给孩子看，激起孩子的模仿欲望。

第二步，把玩具交给孩子，让他自己试着按自己的想法玩。此时家长不要离开，静静坐在旁边做自己的事情即可。在孩子需要帮助的时候给出适量的帮助。如果孩子哭了，可以立马告诉他妈妈就在身边，用玩具逗逗他，和他多说说话，再陪他玩一会儿，等他情绪平稳了，家长可以继续做自己的事情。

第三步，等孩子适应了独立玩耍，家长可以好好搭建游乐区，设置不同的区域，比如软硬区域、高低区域等，每天更换区域，让孩子充满好奇感。

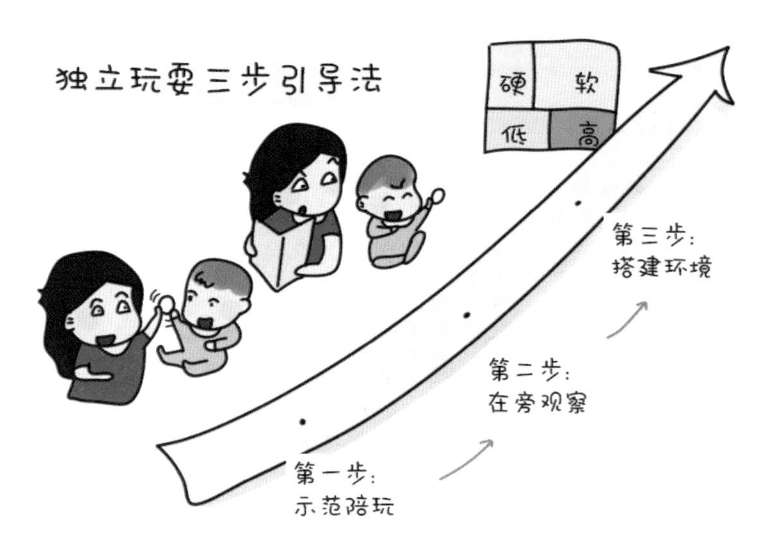

当孩子学会了自主探索、独立玩耍，父母可以在孩子除了日常照料以外的清醒时间段安排一半时间进行高质量陪伴，一半时间让孩子自主探索。

独立玩耍是自主入睡的前提之一，只有孩子可以做到独立玩耍，才能拥有足够的安全感，可以靠自我安抚和安抚物自主入睡。如果孩子在清醒时间都没办法独立解决问题，那么在他很困、情绪烦躁时，也很难做到自我安抚入睡。

实操课堂

婴儿玩具选择指南

“安全”是给孩子选择玩具最重要的标准，参照AAP（美国儿科协会）对于选择玩具的建议，家长在给孩子选择玩具时，要遵守以下安全准则。

1.根据孩子的年龄和能力选择合适的玩具。

2.拨浪鼓可能是孩子的第一个玩具，宽度至少达到4厘米。

3.所有玩具都必须由结实的材料制成，即使被孩子摔打或者敲打也不会损坏。

4.检查挤压发声玩具，确保其中吱吱作响的部分不会脱落。

5.把毛绒玩具或洋娃娃给孩子玩之前，一定要检查玩具的眼睛或鼻子是否结实固定。

6.孩子吞咽或者吮吸玩具上的小部件是非常危险的，3岁以下孩子的玩具不能具有可能被吞咽或者吮吸的小部件。

7.对孩子而言，含有小磁铁的玩具尤其危险。

8.不要给孩子玩需要插电源的玩具。

9.认真检查玩具的弹簧、齿轮、铰链等金属部分。

10.为了避免割伤，购买玩具前要检查玩具是否含有尖锐的边或者片。

除了安全的基本要求外，我再提供四个玩具选购原则。

1.好的玩具都符合孩子的认知发展，选择玩具前要先去了解孩子所处阶段的大运动、精细动作、认知发展特点。

2.玩具贵精不贵多，要买就买精品。购买玩具，选择知名大品牌最放心，知名大品牌的玩具不仅材质安全，其设计也大多经过反复推敲实验，经受了市场检验。

3.有些日用品比玩具好玩。和孩子一起用日用品DIY玩具的乐趣远远大于普通玩具。

4.玩具买得再多，也不如父母的陪伴重要。

结合以上AAP的安全原则和我提出的玩具选购四原则，我梳理了不同月龄的玩具推荐。

一妈推荐0～1岁婴儿玩具选择清单

年龄	发展特征		推荐玩具	选择玩具的原则
0～3个月	大运动	能短暂抬头、踢踹。	健身毯、床铃、黑白卡、手摇铃。	可练习趴卧的玩具、可以用视觉或听觉追踪的玩具、躺着可以看的玩具、音乐柔和的玩具。
	精细动作	抓握圆环。		
	认知发展	双眼可追踪物品、对声音有反应。		

续表

年龄	发展特征		推荐玩具	选择玩具的原则
3~6个月	大运动	翻身、靠坐。	软球、咬胶、曼哈顿球、布书、安抚巾。	可以引导翻身的玩具、方便抓握啃咬的玩具。
	精细动作	抓握物品、用拇指和食指抓取物品、双手交换物品。		
	认知发展	意识到自己和外界的差异、认识自己的身体、能伸手够自己想要的物品、口欲期及长牙、啃咬吮吸需求大、感知不同触觉。		
6~9个月	大运动	爬、坐。	安抚娃娃、厨房玩具、电话遥控玩具、纸板书、洞洞书、嵌套玩具、可以移动的电动玩具、镜子。	满足依恋需求的玩具、模仿日用品的玩具、色彩鲜艳的图画故事书、了解因果关系的嵌套玩具、吸引爬行追逐的玩具、满足观察需求的有趣玩具。
	精细动作	钳形抓握、手眼协调。		
	认知发展	对玩具有记忆力、对图画敏感、察觉到复杂有意义的图案、对面孔表情区分更细致。		
9~12个月	大运动	站立、爬楼梯、学走路。	滑梯、串珠、磁力积木、声光玩具。	更大的室外空间活动、学习简单因果关系的玩具。
	精细动作	双手拿物、灵活使用拇指。		
	认知发展	表达情感、发展自理能力、找出藏起来的物品、模仿大人、学习发音。		

N——顺应天性

当我们跟孩子互动游戏时，首先应该理解婴儿成长发展的普遍规律，顺应孩子的天性，提供适合孩子的环境，这才是真正的尊重式育儿。

婴儿认知发展指南

婴儿认知发展主要包括认知发展理论和感觉统合理论。

皮亚杰认知发展理论

瑞士儿童心理学家皮亚杰的认知发展理论在婴幼儿认知发展方面做出了很大的贡献，他将婴儿从出生到2岁的阶段称为感知运动阶段。在感知运动阶段，婴儿从反射行为向符号性活动发展，他开始区分自己和其他物品，同时有初步的因果意识。

针对0～2岁的感知运动阶段，下表列出了婴儿不同月龄的认知发展过程。

皮亚杰感知运动阶段的六个亚阶段

年龄	感知运动行为	举例
0～1个月	反射活动，简单的先天行为。	哭、吮吸、抓握。
1～4个月	简单行为精细化，重复并进行组合之前单一的动作。	伸手抓、吮吸手指。
4～8个月	借助物品重复活动，开始模仿，将认知对象从自己的身体转移至外部世界。	扔物品，注意到自己对物品的影响后，会反复尝试验证。
8～12个月	出现意图性，计划某种运动，让一些事发生；理解客体永久性。	用绳子把物品拉近，翻出藏起来的物品。
12～18个月	用有目的的行为改变以达到想要的效果。	扔物品，从不同位置扔，观察每次物品的不同位置。
18～24个月	想象事件，解决问题，开始使用词语。	能够想象物品的轨迹，如球滚到床底下，能够判断球可能在哪个方位。

内容参考《儿童发展心理学》

感觉统合理论

感觉统合是指大脑通过不同的感官来整合不同信息的过程。感觉统合听起来像很专业的术语，其实很简单，就是指孩子出生后会通过触觉、视觉、味觉、听觉、嗅觉等来感知认识世界。

在婴儿刚出生的几个月中，他的嘴非常敏感，手脚及其他器官仍未发育完全，最主要的学习工具就是嘴，所以婴儿喜欢吮吸，喜欢吃自己的手、脚以及能抓到的一切东西。这其实是他用嘴探索世界的第一步，他的探索往往先从认识自己开始，当把自己啃咬认识一遍之后，才开始认识身边触手可及的物品。

随着精细动作的发展和各项器官的完善，他会慢慢用其他感官来学习接收信息，探索范围也因此变大。

婴儿感觉统合发展参考表

感官	发展特征	引导建议
触觉	触觉与婴儿运动能力紧密相关，随着运动能力提升，触觉可以给他们提供的信息就越多。 6个月大的婴儿倾向于把任何东西都放进嘴里，通过物体在嘴里的感觉反应来获取有关其结构的信息。	6个月以后，给孩子提供丰富的触觉体验，父母用词语描述他们的感觉，比如柔软、坚硬、毛茸茸、冰冷、温暖。
听觉	婴儿对较短的声音反应更大，所以当你长时间不停说话时，婴儿可能更关注说话间的停顿。 4个半月的婴儿可以分辨出自己的名字。 如果想让婴儿听音乐，应该在安静的环境下单独播放，有始有终。长时间的播放或者嘈杂的环境会让婴儿认为这是噪声，选择忽略它。 婴儿可以察觉到人声的声调变化。	在与婴儿交流时，可以用短小的句子和词语，并且放慢速度，等待他的回应再说下一句，而不是叽里呱啦说个没完没了。

续表

感官	发展特征	引导建议
视觉	出生几小时的新生儿，眼睛的焦距为20厘米，也就是说当妈妈哺乳时，他可以看清妈妈的脸。 2个月大时，婴儿可以看见单一映象，并且偏爱暖色调（红、橙、黄）。 4个月大时，婴儿可以看清物品。 6个月大时，婴儿的视力基本达到成人水平。 最吸引新生儿注意的是人脸。	当给婴儿提供视觉刺激时，要观察婴儿的反应。 如果他看到某物品出现哭闹，可能是受到过多的刺激。 如果他特别安静，可能是他很专注在这件事上，也有可能是周围环境刺激过多，导致他不想去探索。 如果他有自己的节奏自由探索，则说明给到的刺激是适量的。 并不是刺激越多越好，过多的视觉刺激反而会带来负面效果。 父母可以尝试与孩子保持同一个姿势和高度，去感受一下孩子看到的世界。
嗅觉 味觉	新生儿可以区分妈妈和其他人的气味。 婴儿更喜欢食物的原味。	不要过早在婴儿的食物里添加调料。 谨慎使用不能食用但散发出美味的物品，小婴儿很难分辨它们能否食用。

内容参考《儿童发展心理学》

实操课堂

感统游戏的5条实操建议

当给孩子提供丰富的感官刺激时，以下5条实操建议可供参考。

1.在孩子的活动区域设置高和低、干和湿、软和硬、喧嚣和安静等有对比的区域。将环境中的危险因素排除后，鼓励孩子独立探索，自由爬行。

2.可以引导孩子在不同姿势下观察世界，比如背着、抱着、放在前方托着、躺着、趴着，这样他可以获得不同的视角。

3.可以多跟孩子做些运动类亲子游戏，比如让孩子趴在瑜伽球上、飞机抱等。

4.允许孩子用手抓食物，哪怕他弄得到处都是，这是孩子认识各种食物性状的最好时机。

5.给孩子提供能刺激感官的玩具，比如色彩鲜艳、质地柔软、有声音和光的玩具。

婴儿运动发展指南

在孩子出生后的第一年，他会学习如何熟练地使用自己的身体，他会经历一系列的大运动和精细动作发展。每一次进步，每一次技能解锁，都会让孩子兴奋不已，反复练习。作为父母，我们应该提前了解孩子的运动发展，并在清醒时间给孩子提供充足的场地和游戏。

大运动练习和精细动作练习是高质量"放电"的重点。

大运动指孩子的身体和四肢的运动发展。

婴儿大运动发展

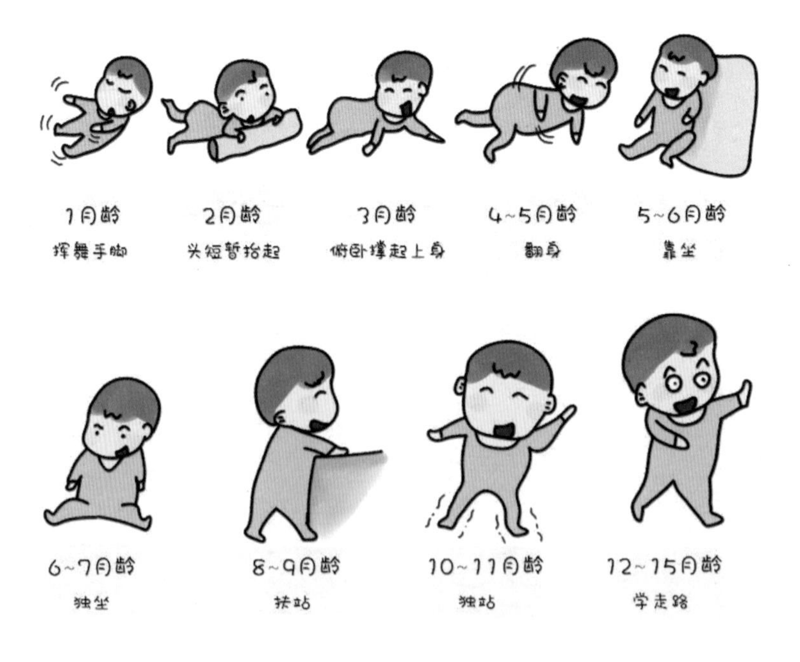

精细动作包括孩子可以控制的小肌肉，如嘴巴、脚趾、手指等，在精细动作里我们可以重点关注孩子手部的发展。

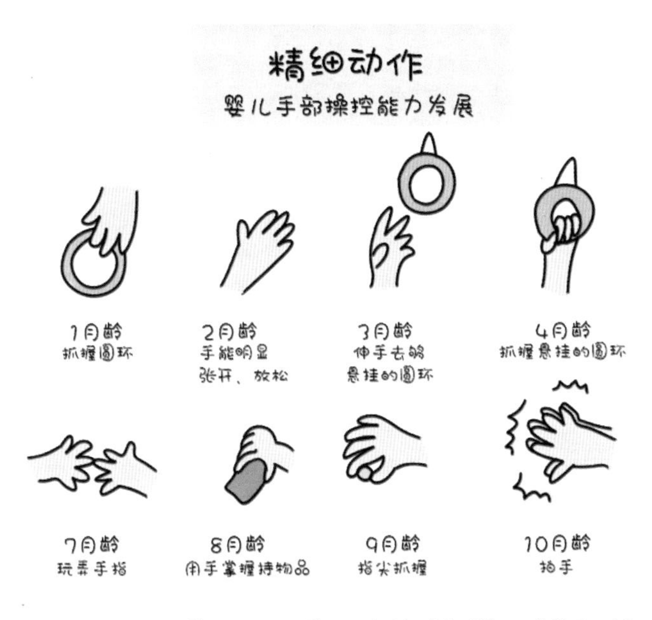

——摘自珍妮特·冈萨雷斯-米纳和黛安娜·温德尔·埃尔《婴幼儿及其照料者》

注意事项：

以上特征只代表平均值，每个孩子的发育都有差异。运动发展的时间早晚不能代表任何问题，不能因为孩子在某项活动上有所滞后就轻易质疑孩子的发育水平与能力。如有异常请直接去医院咨询专业的儿科医生，不要妄加推断或者下定论。

家长无须刻意推动孩子的运动发展，只需要给孩子提供适宜的环境鼓励他自由活动，“让孩子充分练习自己已经习得的技能，为下一步运动技能发展做好准备”远比“让孩子尽快学会下一个运动技能”重要得多。

婴儿运动发展及运动练习建议

<table>
<tr><th>阶段</th><th>月龄</th><th>运动发展</th><th>阶段结束时掌握的技能</th><th>练习建议</th></tr>
<tr><td rowspan="3">第一阶段</td><td>0~1</td><td>略微抬头，挥舞手脚。</td><td rowspan="3">开始识别不同的面部和声音，看到人或者听到声音会微笑，开始对更多复杂的物品感兴趣，开始对陌生的面孔有反应，更好地掌握头部的运动，运动协调能力提升，开始想伸手抓取物品。</td><td>趴卧抬头练习。</td></tr>
<tr><td>1~2</td><td>转头追踪物品，头可以短暂抬起，双脚变得有力气。</td><td>转头追踪练习、健身毯足蹬练习。</td></tr>
<tr><td>2~3</td><td>可以更长时间地抬头，开始简单互动。</td><td>排气操。</td></tr>
<tr><td rowspan="3">第二阶段</td><td>3~4</td><td>可以长时间抬起头和肩膀，开始翻滚，准备翻身。</td><td rowspan="3">可以抓住小物件；转头去寻找声音来源；牙牙学语地发出一些简单的声音；开始吃固体的食物，有时吃得少也属正常；可以独自玩耍一会儿；喜欢咬各种物品；能够自主地翻身；开始用手去探索世界。</td><td>翻身练习。</td></tr>
<tr><td>4~5</td><td>可以向一个方向翻身，有支撑时可以短暂坐。</td><td>拉坐练习。</td></tr>
<tr><td>5~6</td><td>开始准备爬，喜欢发出声音，有时可以无支撑地坐一会儿，向两个方向翻身。</td><td>靠坐练习，直立练习。</td></tr>
</table>

续表

阶段	月龄	运动发展	阶段结束时掌握的技能	练习建议
第三阶段	6~7	独立无支撑坐一会儿，在支撑下能站立片刻。	寻找远处和视线外的物品，试图模仿大人说话，更为独立地爬行移动，开始掌握物品并试图理解物品的用法。	独坐练习、匍行练习。
	7~8	把物品从一只手转移到另一只手；手指精细运动发展，可以从爬转变到坐。		连续翻滚练习、爬行练习。
	8~9	手指运动，对远处的物品感兴趣。		爬行加强练习。
第四阶段	9~10	指尖运动更为顺畅，一瞬间独立站立，运动量加大，把物品放入箱子，准确地抓住他想要的物品。	开始寻找他想要的物品；在另一个房间叫他的时候，他可以找过来；清晰地说“爸爸”“妈妈”等简单词汇；学习走路；可以指出他想去的地方。	站立、坐下、迈步练习。
	10~11	长时间独立站立，能把物品根据形状放在正确的位置。		扶走练习。
	11~12	表达出自己想要的东西，开始行走。		踢球练习、独走练习。

婴儿情绪发展指南

婴儿从出生那一刻开始就拥有了情绪，出生第一周，婴儿的情绪反应较为单一，新生儿要么出于本能地哭，要么很安静，特别复杂的情绪很少见。但是随着他各项感官能力的发展，婴儿呈现出来的情绪类型越来越多样化，到了1岁时，他就可以将情绪信息与环境线索联系起来了。

婴儿的情绪发展与引导

除此之外，婴儿还会用他人的情绪指导自己的情绪。所以当你焦虑、烦躁时，孩子是能感知到并且被传染的。孩子一直都在悄悄地从你的身上学习如何管理自身的情绪。

作为父母，我们要尊重孩子的情绪产生的权利，要去帮助孩子学习坦诚接受自己的情绪，并且引导孩子对不良情绪进行健康的表达。

不要因为婴儿不会说话，就低估婴儿的感受，虽然他们眼中的世界还很小，他们的感知却非常敏感，经常会因为成年人忽略的小细节而情绪激动。

不要去评价孩子的感受，学习接纳孩子的感受，并且引导孩子学习自我安抚、自我调节。

●对于孩子的情绪：父母要帮助孩子正确认识自身感受，并且引导孩子用正确的方式表达出来，不要让他为了迎合父母而伪装自己。

● 对于父母的情绪：父母不能也不应该向孩子随意发泄情绪，而是诚实地向孩子表达自己的情绪，给自己找一个合理的方式发泄、排解情绪。

婴幼儿情绪发展进程

出生至8月龄

- 清楚地表达是否舒适
- 丢失玩具后，会表现出不高兴
- 清楚地表达以下情绪：
  愉悦、愤怒、焦虑、恐惧、
  伤心、高兴、激动

9～18月龄

- 完成新任务后感到自豪
- 能表达消极情绪
- 认识某事物或掌握某项技能后，会持续表现出愉悦
- 相信自己，拥有强烈的自我意识

19月龄～3岁

- 常常表现出攻击性的情感与行为
- 在不同状态和心境之间转换
- 恐惧源不断增加（如怕黑、怕怪物）
- 能意识到自己和他人的感受
- 更多地用语言来表达自己的感受

——摘自罗伯特S.费尔德曼《儿童发展心理学》

实操课堂

引导孩子情绪管理 4 步法

第一步，使用哭闹排查表寻找孩子哭闹的原因，并及时满足孩子的合理需求。

第二步，如果孩子的情绪源于情感需求，可以尝试“21种安抚方法”或者本章的尊重式照料活动的实操建议去与孩子互动。当然，除了父母的帮助，我们更需要重视对孩子自我安抚的能力引导。

第三步，大多数婴儿天生就拥有自我平静技术，随着婴儿的成长，他们应对情绪的能力也随之提高。吮吸是婴儿最常见的自我平静技术，对于1岁以下的婴儿，可以给孩子引入安抚物，比如安抚奶嘴、安抚巾或安抚娃娃。如果孩子喜欢通过吃手获得平静，不需要过度干预阻止。

第四步，对于大月龄学步儿，可以通过以下几种方式帮助孩子提升自我调节的能力。

①帮助孩子关注他所感知到的体验，并用简单的词汇描述出来。比如孩子受到惊吓时，家长可以对孩子说：“那个声音吓到你了。”

②给孩子独处、独自玩耍的时间，让他专注于自己的事情。

③给孩子提供安全、稳定的活动环境，静静观察，等孩子提出需要帮助时再出手，不要过多干预。

④给孩子选择的机会，让他们对自我决策自信，比如晚餐前可以问孩子“你想吃黄瓜还是西红柿”。对于语言表达能力还不成熟的孩子，尽量给其有一定范围的选择性问题，更有助于他们自信的培养。

负面情绪应对管理引导

对于婴儿积极正向的情绪，一般父母都可以欣然接受，并且重复那些让孩子产生积极情绪的行为。但是对于一些负面情绪，有些父母就会慌了手脚，不知道该如何应对。

婴儿最常见的负面情绪是恐惧和愤怒。

恐惧

婴幼儿最常见的恐惧来自于依恋关系建立，当婴儿可以分辨妈妈与陌生人，他开始体验到“陌生人恐惧”和“分离焦虑”。

除此之外，噪声、黑暗、疼痛、意外伤害等也会带来恐惧。当孩子成长到1岁半后，他开始擅长想象，喜欢假想游戏时，他的恐惧开始从具体可见的事物延伸至他内心所想的事物。

愤怒

愤怒也是让父母头疼的一种情绪，有时候父母会知道孩子愤怒的根源，有时候却很难找到他愤怒的深层原因。有些父母因为不了解孩子愤怒的深层原因，就妄加评论孩子的情绪：“这有什么好生气的！”

事实上，当你不知道孩子的情绪来源的时候，并不一定必须要挖掘愤怒的源头，只需要承认它真实存在即可。你只需要对孩子说：“我知道你生气了，你的感受对我而言非常重要。”

在面对孩子的愤怒时，父母必须自己保持平静，控制好自己的情绪，这样才能不被这份极具传染力的情绪所影响。将你的情绪搁置，有助于与孩子建立共情。

当你平静接受孩子的愤怒时，允许孩子用适当的方式表达出来。对于成年人，我们发泄愤怒的渠道很多，比如用言语发泄，用运动发泄，用文字、画画发泄。但对于婴儿来说，他们的可选项就少得可怜了，哭可能是他们为数不多的重要选择。作为父母，我们要允许孩子通过哭去发泄愤怒的情绪，等到孩子大些，也可以教他们学习别的方式去发泄。

“1456尊重式育儿底层逻辑”中的育儿思想——想要收获“天使宝宝”，必须先成为“天使妈妈”。父母以身作则，可以教会孩子发泄愤怒的方法。所以，最好从自身出发，找一个合适的发泄途径，孩子自然也会学会如何发泄愤怒。

有些父母恐惧听到孩子的哭声，制止孩子哭成了他自己是否是成功的父母的唯一标准。但是孩子有情绪时最好的方式是表达出来，而不是将情绪发泄的唯一出口堵死。单纯为了制止哭声而不允许孩子正常情绪表达，会使情绪积压发酵，反而带来更大的负面影响。

当然，对于婴儿的愤怒，提前预防更为有效。对于婴儿而言，他的生理需求必须及时满足，一个饥饿、疲倦、不舒服的婴儿是非常易怒的。在他可以自主进食、自主入睡、独立玩耍之前，大部分的问题是无法自己处理的。当你引导孩子规律作息时，当你尊重孩子认知发展时，当你能准确判断孩子的需求并及时满足时，你就避开了大部分会让婴儿愤怒的时刻。

生活节奏稳定，父母行为一致，对孩子的需求回应准确、及时，使孩子不必等到哭出来才被人注意，孩子的愤怒源就被消除了。

分离焦虑

婴儿从出生开始就会与他的照料者建立依恋关系，他会通过哭来寻求照料者的回应，他也会用眼神接触、肢体动作等回应照料者的行为。当孩子可以区分妈妈（照料者）和陌生人的区别时，他就会进入分离焦虑期。

这种焦虑分为两重原因：

一开始，他会对陌生人产生恐惧。

接着，他便会担心妈妈（照料者）的离开。

对陌生人的恐惧说明婴儿开始有识别区分的能力。对妈妈离开的恐惧，产生于“客体永久性”未建立。也就是说当物体消失后，他并不会记住物体的存在。他无法意识到，即使妈妈离开，其实妈妈还是存在的，他会认为妈妈离开了就不存在了。对于这个阶段的孩子而言，他们只承认看得到、摸得着、能够切实感觉到的物品的存在。

分离焦虑从7～8月龄开始，12～14月龄达到第一个高峰，之所以时间范围这么广，是因为每个孩子认知发展有差异。

理解了孩子产生焦虑的两重原因后，你就能理解这一阶段孩子常见的哭闹、夜醒、睡到一半起来“查岗”等行为背后的原因。这是作为孩子认知发展的必经阶段，家长没必要为此过于焦虑，也不用苛责孩子为什么认生、喜欢哭闹。反而应该感到高兴，因为你捕捉到了孩子成长的信号，这正是孩子与你建立信任的象征。

捕捉到孩子的分离焦虑后，你应该重视引导孩子对分离的认识和体验。我们常说，人的一生中很多重要的能力是在前3年建立的。“分离”是孩子人生中重要的一课，帮助孩子学习如何处理自己的情绪，妥帖地看待分离，是每个家长的责任。

其实分离焦虑不仅仅存在于婴儿身上，很多父母也有严重的分离焦虑，尤其是如果他们在过往经历中没有学会很好地处理分离带来的恐惧，就会在分离时刻，将这份恐惧映射到孩子身上。这也导致他们的处理方式是回避的、消极的，他们不敢去直面自己的感受，更不会管理自己的情绪。但是回避并不会让分离的痛苦消失，只会让自己和孩子在应对这份情感时更加无措。

因此，我不推荐用躲避、训斥、转移注意力等方法去让孩子回避分离焦虑。因为这些做法并不会减轻分离带来的焦虑，反而会毁掉你和孩子之间的信任。

即使有些许哭泣，这也是孩子需要学习、应对的必修课。当孩子学会克服分离带来的恐惧，他的信任感和依赖关系才会走向真正的健康稳定。

当然，这也不是说放任孩子哭，不理会他的恐惧，让他自己解决。而是说我们需要直面孩子和自己的情绪，并给情绪提供一个合理的发泄渠道。

实操课堂

父母帮助孩子应对恐惧的6个实操建议

1.鼓励孩子，相信他可以自己找到克服恐惧的应对方法。

2.预测一些常见的可能会产生恐惧的情景，给孩子留出足够的时间去接受。比如孩子经常见到陌生人大哭时，家长不要去指责自己的孩子为什么如此怕生，而是应该接受他的恐惧，并告知陌生人需要保持一定的安全距离和缓冲时间，让孩子慢慢适应、熟悉。

3.对于一些无法控制但能引发孩子恐惧的情景，提前向孩子预告，让他们做好心理准备。

4.将恐惧的情景分解成几个孩子可以接受的小情景，让他慢慢过渡，一步步适应。

5.在孩子处于陌生的环境时，可以给予孩子一些熟悉的物品，比如安抚奶嘴、安抚巾、安抚娃娃。

6. 不要强迫孩子必须接受让他恐惧的人或事，他需要一定的时间去消化恐惧。

改善分离焦虑的8种方法

1.离开孩子时不要偷偷溜走，但也不要拖泥带水。如果需要把孩子托付给他人照料，大大方方地向孩子说再见，并且告诉他你回来的时间（请说到做到哦，做不到的不要轻易许诺），然后果断离开，这样会帮助孩子更容易应对分离焦虑。

2.不要让自己的情绪影响到孩子。有的父母看见孩子哭了，会比孩子还难受，这样做只会把你的焦虑和不舍传染给孩子，让他的恐惧翻倍。

3.当孩子抗拒陌生人时，不要去强迫孩子接受陌生人，要给孩子缓冲时间。父母应理解孩子在这个阶段必然经历的认知发展，并且尊重他的情绪，不去随意贴“认生”的标签。

4.诚实地面对孩子的情绪，并且表达出来。比如对孩子说：“你现在哭了，因为妈妈的离开，我能够理解。”也诚实地向孩子阐述你的情绪，比如“妈妈现在要上班了，离开妈妈你会伤心，但是我们很快会再次见面的”。

5.和孩子玩藏猫猫等帮助认知“客体永久性”的游戏。将物品藏起来，让他试着找一找；将自己的脸蒙起来，让他扯开面纱再次看到妈妈的脸，都有助于孩子的“客体永久性”概念的建立。

6.在日常照料中，可以有一个主要照料者，也可以有几个辅助照料者。这样让孩子与不止一人建立依恋关系，有助于防止孩子过于依赖特定的某一个人。

7.给孩子提供有趣多样的游乐环境，在他们情绪平复以后，可以迅速投入到这样的环境中，开始新的活动。

8.给孩子引入一两件安抚物，它们会暂时满足孩子的情感需求，有助于孩子自我安抚。

分离焦虑的第二个高峰大概出现在孩子入园入托初期。此时孩子已经有“客体永久性”的概念，情绪引导侧重点是父母的情绪管理和对孩子认知的引导。父母也要将这件事看得轻松一点儿：孩子进入学校，融入社会是迟早的事，孩子其实也有强大的学习适应能力，此时父母需要适度适时地学会放手，不要依依不舍。父母与孩子的爱终将指向别离，想开这一点，也就轻松一些了。带孩子读些绘本也会有帮助，比如《魔法亲亲》《我爱幼儿园》等，向孩子预告将要发生的事情，去除未来的不确定性带来的不安。

婴儿照料、早教的误区与真相

清醒时间是我们与孩子建立良好亲子关系的最佳时机，你可以在孩子的清醒时间合理安排照料、互动、早教等活动，但在这些活动中最容易有以下误区。

误区1

孩子在小的时候应该全天抱着，能抱孩子的时间很有限，如果不抱他，他会没有安全感的

真相：孩子的安全感≠全天抱。

肌肤的亲密接触可以给孩子带来舒适的感觉，父母温暖的怀抱也能让孩子感觉安心，这一点毋庸置疑。但是不要走入极端，对于国内最常见的“团队式”带娃，全家排队等着抱娃，一刻也不松手，反而抱得太多了，孩子独立玩耍的自由时间被剥夺侵占。

相信每位爸妈都希望孩子能够建立健康的“安全感”，这样的安全感除了来源于肌肤接触，更多地来源于高质量的亲子互动和孩子独立自主探索。其中独立自主探索对于孩子来说异常珍贵，是培养专注力的黄金时间。

如果你全天抱着孩子，不给孩子自由探索的机会，你反而会得到一个独立性差、安全感缺失、过分黏人的孩子。

误区2

在和宝宝一起玩时，我必须教他正确的玩法

真相：3岁以前的孩子，探索欲望非常强大，对世界的认知有自己独特的视角。父母不能要求孩子必须按照成人规定的玩法来玩，而是应该学会从孩子的视角出发，配合孩子，学习如何按照孩子的方式去玩。

误区3

吃手、撕纸、乱扔东西都是坏毛病

真相：在孩子做出一些你认为的“负面行为”时，你需要换位思考“孩子为什么要这样做”，不要轻易去给孩子贴标签。多去理解一下孩子的认知发展，站在他的角度考虑这些行为是不是婴儿在理解、探索这个世界的小实验。

基于不理解的阻拦，只会让孩子应有的认知发展需求得不到满足，他反而会对这件事充满更强的欲望，并且将你眼中的“坏”行为延续更久的时间。

作为父母，我们应该做的是理解孩子，甚至配上符合孩子认知发展水平的夸张的表情和声音，设计有趣的类似的游戏供他在哈哈

大笑中理解这层因果关系。

误区4

只有早教中心的课程才是早教

真相：对于3岁前的孩子，真正有效的早教不是早教机构里围坐一圈、每周一两次的课程，而是渗透在日常照料、游戏互动、独立玩耍中的一点一滴，由最熟悉的爸爸妈妈协助完成。

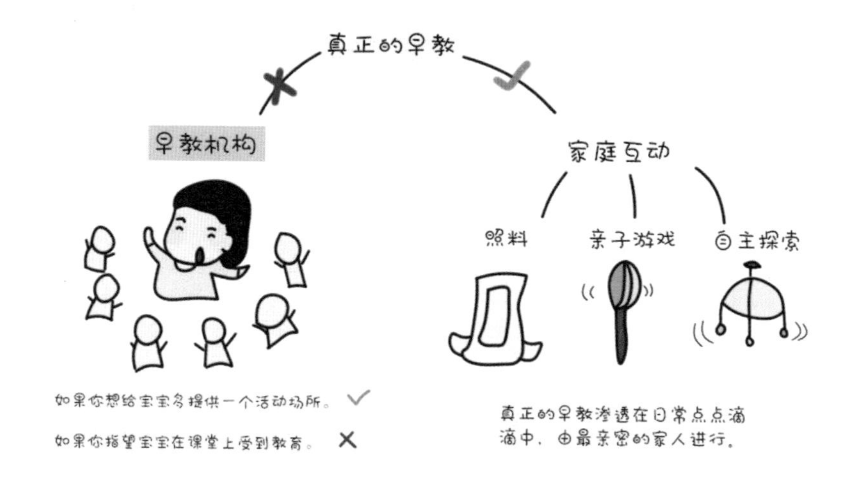

早教的目标是提高孩子解决问题的能力。而这种能力的养成分散在孩子每天的点滴活动中，比如学习自主入睡、自主进食、如何与父母互动等，家长不能指望每周短暂的早教课程能覆盖这些日常问题，并让孩子学会解决它们。

孩子能够自主进食、自主入睡、自主探索，和亲密的人建立健康、持久的依恋关系，能够养成良好的作息习惯，能够独立处理日常生活的常见问题时，即可视为受到了良好的教育。

真正意义上的早教都是在父母与孩子日常照料互动过程中完成的。

作为父母，要预判日常生活中婴幼儿可能遇到的问题，搭建适宜的“脚手架”，留一些在孩子能力范围内的小问题，让他有机会自己解决。

太棒了!

宝宝“放电”指南

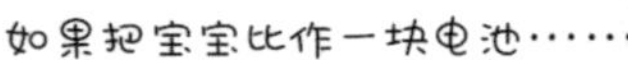

如果把宝宝比作一块电池……

充电中

0~2个月
1~2格电
吃完奶电就不多了

3~6个月
4~5格电

7~12个月
6~7格电

12个月以上
8+格电
续航能力超强

以5格电宝宝为例

5格电

吃奶消耗

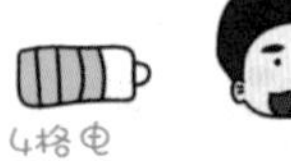

4格电

高质量互动

兴致盎然
亲子互动

3格电

不打扰宝宝的专注时光

独立玩耍
专心研究

2格电

不要再过度刺激啦

发呆时间
情绪平稳

1格电

最佳入睡时机

眼神发直
不苟言笑

0格电

烦躁抓狂
崩溃断电

尽量不要等到电量完全耗尽才想起来充电哟!

以4小时间隔周期为例，宝宝的作息表如下：

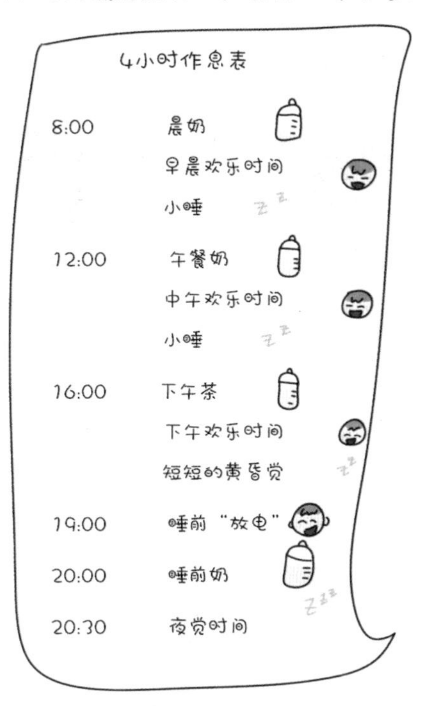

4小时作息表

8:00	晨奶
	早晨欢乐时间
	小睡
12:00	午餐奶
	中午欢乐时间
	小睡
16:00	下午茶
	下午欢乐时间
	短短的黄昏觉
19:00	睡前“放电”
20:00	睡前奶
20:30	夜觉时间

早晨欢乐时间安排

亲子活动之参观房间10分钟。

亲子活动之拉坐练习10分钟。

独立玩耍之研究玩具10分钟。

独立玩耍之参观家务10分钟。

中午欢乐时间安排

亲子活动之唱歌聊天10分钟。

亲子活动之翻身练习10分钟。

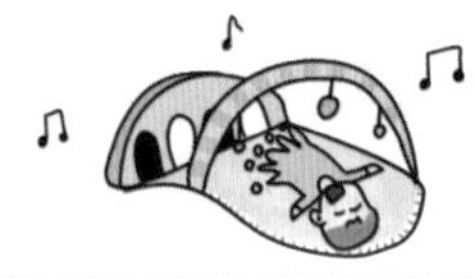

独立玩耍之健身毯运动10分钟。

独立玩耍之照镜子10分钟。

下午欢乐时间安排

亲子活动之外出散步30分钟。

独立玩耍之趴卧练习10分钟。

睡前“放电”时间安排

亲子活动之洗澡抚触30分钟。

独立玩耍之床铃、安抚巾10分钟。

白天玩得很开心，“放电”充分。

晚上睡得超级香，一觉到天亮。

这样的一天，真幸福啊！

甜睡宝贝的陪伴式睡眠引导

婴儿常见的睡眠问题主要有：睡前哭闹、哄睡难、抱睡、奶睡、夜醒频繁、昼夜颠倒、黄昏闹、小睡短、难接觉。

孩子出现睡眠问题，很多妈妈都会安慰自己“等孩子大点儿就好了”。可是事实并非如此，一些睡眠问题会持续很久，对孩子的成长发育和妈妈自身的情绪管理都有不良影响。

其实孩子的大多数睡眠问题来源于作息紊乱。想要改善睡眠问题，应该退一步，从规律作息入手。同时，对于婴儿睡眠问题，父母应该做的是准确判断孩子的睡眠需求，并且及时满足，适度引导，绝非极端的睡眠训练。

本章将分析影响婴儿睡眠的原因，给出轻松哄睡、自主入睡的方法，帮你解决你最头疼的睡眠问题。

影响婴儿睡眠的原因

很多新手爸妈都说，在养育孩子的过程中，让他们非常头疼的一个问题就是宝宝的睡眠不好。婴儿的睡眠问题不但会让父母疲惫不堪，还会对孩子的身体、情绪都产生严重的影响。因此，这一节我们首先来分析一下影响婴儿睡眠的原因。

正如爱因斯坦所说："如果我有一个小时的时间去解决一个问题，我会先用55分钟搞清楚问题到底是什么，再用5分钟去解决它。"

知道"为什么"比知道"怎么办"重要。越是具体的方法，失效的可能性就越大。因为我们面对的是有个体差异的人，而非机器，同样的方法放在不同的家庭环境里，得到的效果可能截然相反。

我们将按照"冰山倒推法"的从问题表象看到问题本质的思路，分析常见的影响婴儿睡眠的原因。

作息紊乱引发的睡眠问题

冰山之上的问题表象：

点心奶；边吃边睡；睡一会儿就哭醒要吃奶；昼夜颠倒；胀气频发；舌苔厚重；体重增长缓慢；精神状态差。

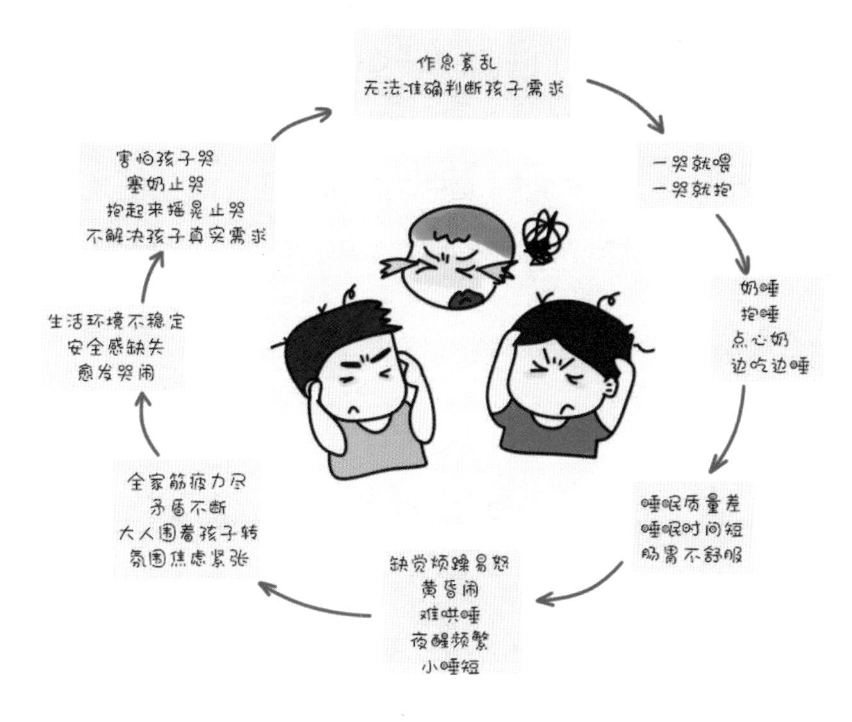

冰山之下的本质原因：

婴儿在刚出生时，中枢神经系统尚未发育完善，需要父母引导孩子规律的作息，帮助他的消化周期、清醒周期、睡眠周期趋于平稳，直到他自身中枢神经系统发育完全。

如果孩子的作息紊乱，新陈代谢也会相应紊乱，对消化、玩耍、睡眠都会产生诸多不良影响。婴儿的各项活动不是独立存在的，而是在一个系统的整体中运行，他生活中的每项活动都是相互关联的。让你困扰最多的睡眠问题，其本质原因往往并不在于睡眠，而在于婴儿的整体作息是否规律。

没有规律作息的孩子，身体系统处于紊乱状态，对未来充满了未知感，而未知感正是导致孩子没有安全感的最主要原因。作为父母，对孩子混乱作息下的需求也充满迷茫，不知道孩子的哭声到底想表达些什么，无法准确判断孩子的需求。新手爸妈很容易心态失衡，焦虑的气氛弥漫在整个家庭中，孩子的问题只会更加严重。

解决办法：从孩子出生开始就有意识地培养孩子规律作息。

过度疲倦引发的睡眠问题

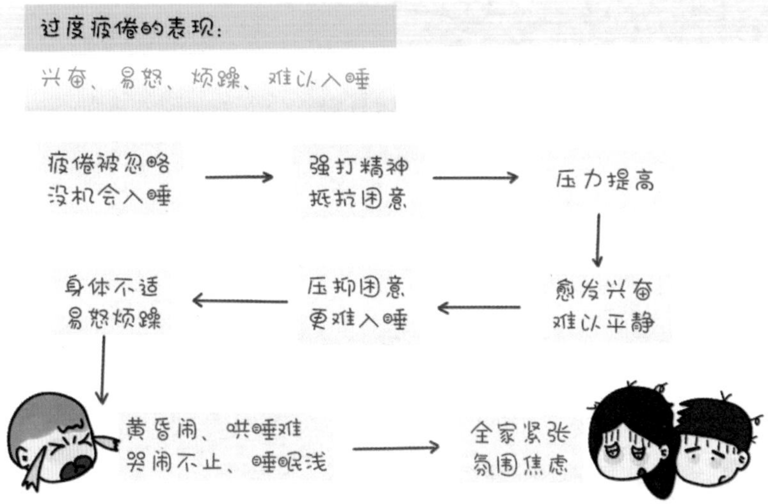

过度疲倦的表现：

兴奋、易怒、烦躁、难以入睡

疲倦被忽略 没机会入睡 → 强打精神 抵抗困意 → 压力提高 → 愈发兴奋 难以平静 → 压抑困意 更难入睡 → 身体不适 易怒烦躁 → 黄昏闹、哄睡难 哭闹不止、睡眠浅 → 全家紧张 氛围焦虑

冰山之上的问题表象：

哄睡难；睡前总要哭一会儿；易醒；醒来哭；夜惊；黄昏闹。

冰山之下的本质原因：

出现以上情况，大多是因为孩子困过头了。大部分婴儿缺乏自主入睡的能力，需要父母细心观察睡眠信号及时哄睡，才不会出现困过头的情况。

当孩子该睡觉的时候没有及时让孩子睡觉，他的肾上腺收到信号，产生困意，进一步分泌皮质醇（又称“压力荷尔蒙”）。过多的压力不仅让孩子更加难以入睡，还让他更兴奋了。随着体内的肾上腺素、去甲肾上腺素、多巴胺增多，他开始烦躁易怒，因为情绪失控而大哭，哄睡难度陡然上升。如果孩子仍然无法入睡，或者入睡后睡眠质量很差，他的疲倦就会积压，陷入恶性循环，出现夜醒频繁、睡不安稳的现象。

除此之外，父母做事没有原则，不能坚持，一惊一乍，夫妻争吵多，家庭矛盾不可调和等也会激化孩子睡眠问题。长此以往，孩子的情绪会时常保持在非常差的状态。很多孩子到了上学的年龄，多动、易冲动、注意力不集中、反应不灵敏都是长期的睡眠问题没有引起父母重视而引起的。

因此在婴儿阶段，除了保障孩子的安全与健康之外，父母对孩子最大的责任是尽快引导孩子养成良好的作息和睡眠习惯。

解决方法：规律作息稳定后，观察、记录睡眠信号，及时哄睡、接觉，保证孩子全天睡眠量充足。

睡眠环境的变化引发的睡眠问题

冰山之上的问题表象：

落地哭；易惊醒；睡觉中途“查岗”。

冰山之下的本质原因：

孩子在中途醒来会检查自己的睡眠环境，如果睡眠环境与入睡时不同，他就会变得惊恐而清醒。这是一种本能的自我保护，如同原始森林里的幼崽一般。而当他检查睡眠环境发现没有发生改变时，就会很快再次入睡。

当哄睡方式是抱睡、奶睡时，孩子入睡的环境是妈妈的怀里，嘴里可能还叼着妈妈的乳头。当他中途起来“查岗”，发现自己不在妈妈怀里，嘴里也没有乳头的时候，就会惊慌失措，彻底清醒。此时他并没有睡饱，只是因为担心环境变化而无法入睡。出于恐惧，他会大哭不止，重新哄睡的难度非常大。因此，抱睡、奶睡非常容易出现落地哭、睡不踏实、“查岗”等情况，需要妈妈尽快改变哄睡方式，让孩子在床上入睡。

给孩子稳定、舒适、统一的睡眠环境，是孩子在睡梦中有充足安全感的前提。

夜晚，有的父母在孩子刚刚有点儿小动作时就过早地过度干预，看似是照料者牺牲自我呵护孩子睡眠，实则是对孩子睡眠的一种干扰，是在变相巩固他的习惯性夜醒。这是人为地在他的睡眠环境中建立了“照料者安抚”的条件反射，孩子每天在那个时间点醒来，检查这个因素是否还在。也可以说，孩子为了迎合爸爸妈妈安抚的心理，不得不在每天同一时间醒来。孩子是为你而醒，而不是醒来被你安抚。家长过度干预的行为强化了“孩子必须醒来检查睡眠环境，确保睡眠环境一致后才能再次入睡”的习惯。

解决方法：保持孩子入睡环境一致，引导孩子在床上睡觉，避免过度干预。

如何轻松哄睡

想要轻松哄睡，首先要知道这些哄睡方法背后的原理，再结合孩子的特点进行改良，制造专属的良好哄睡模式。

让孩子快速入睡的诀窍：

足够困 + 睡眠仪式 + 睡眠联想 + 情绪安抚 + 转移注意力 + 感到无聊 = 入睡

所以不管用了什么哄睡方法或者“神器”，最关键的点就是它可不可以达到让孩子“情绪平稳、注意力转移”这个目标。掌握了哄睡原理，就无须刻板地照着书上的哄睡方法一条一条照搬，你身边的任何一件物品都会变成“哄睡神器”。

对待哄睡这件事，不能抱着急功近利的心情，你越焦虑，孩子越难哄睡，因为孩子是能感受到你的情绪的。当你“佛系”一些，轻松看待哄睡，孩子的情绪也能变得更平稳，哄睡难度也更低。

在学习轻松哄睡前，我们先了解一下睡前秘诀。

睡前秘诀：睡眠信号与睡眠仪式

睡眠信号的捕捉

如果你发现孩子每次都睡前哭闹、哄睡困难，就需要考虑重新观察、记录、分析孩子的睡眠信号了。睡眠信号没有固定标准，每个孩子的睡眠信号都不一样，有的很明显，比如打哈欠、揉眼睛；有的不太明显，比如面无表情、眼神发直。

有的孩子睡眠信号很多，能完整地看到从无精打采到打哈欠，再到揉眼睛，直至困过头哭闹。有的孩子睡眠信号很少，上一秒还玩得开心，下一秒就困过头开始哭了。

你可以反复观察，甚至录几个视频进行回看，试验在不同状态下哄睡，什么时候更容易一些，这就是睡眠信号出现的时间。

可能会出现的睡眠信号

揉眼睛
打哈欠
呆看远方
眼神发直
手舞足蹈
烦躁
皱眉
吃手
拱背

但是要留意，睡眠信号不是一成不变的，随着孩子成长，睡眠信号也会发生变化。有的孩子随着年龄增长，表达方式更为丰富后，可能会用别的方式表达自己困了，这就需要父母在孩子睡眠问题反复时，重新调整测试。

有的妈妈说，捕捉睡眠信号如同“玄学”，要靠些直觉和默契。其实当孩子作息规律稳定后，睡眠信号的判断难度就大大降低。作息规律的孩子，吃完奶能玩多久，“电量”有多少，什么时候能“放完电”，根据作息时间和孩子的表情动作，就可以准确判断出来。

当孩子作息稳定后，家长发现孩子玩的时间已经足够长，玩的强度足够大时，就可以开始有意识地减少刺激，把孩子放到床上，制造安静的睡眠环境，进行睡眠仪式。

准确捕捉睡眠信号，可以有效地降低哄睡的难度。

睡眠仪式

为什么需要睡眠仪式？

孩子需要在情绪平稳的前提下才能较快入睡且拥有较好的睡眠质量。睡眠仪式能够给孩子足够长的时间安静下来，是一套能够让孩子情绪平复的固定活动。

有的家长认为小宝宝一整天都在躺着，并没有做过什么刺激的运动，很容易出现情绪不平稳的情况吗？虽然孩子还不能做一些激烈的运动，但是在大人眼里微不足道的事情都足以刺激到他，比如妈妈的呼唤、耳边叮咚作响的玩具、从窗外洒落进来的光束、家庭成员的走动对话、爷爷奶奶的笑声和逗弄、让他舒适的抱抱等。这些刺激在成年人的世界里司空见惯，但是在婴儿眼里，这些细节足以让他们情绪激动。

丰富的刺激有助于孩子的认知发展，但是请把这些刺激留在他的清醒时段。孩子在睡前需要迅速从这些丰富的刺激中撤离，在睡眠仪式中快速平静下来，为入睡做好准备。

睡眠仪式需要多长时间

通常白天小睡前的睡眠仪式短一些，1～5分钟；夜晚睡觉前长一些，10～30分钟。

同时根据孩子的性格，睡眠仪式的时长有所不同。天生淡定、容易快速平静下来的孩子，可采用时间较短的睡眠仪式。对于敏感、易激动、不易平静的孩子，可以考虑早点儿安排睡眠仪式，时长拉得长一点儿。

当家长还不能熟练地捕捉孩子的睡眠信号时，也可以把睡眠仪式拉长一些；当家长变身“老司机”，一眼就能看到睡眠信号的时候，自然可以速战速决。

实操课堂

睡眠仪式

睡眠仪式包括：洗澡、抚触；刷牙；收玩具；换尿布；拉窗帘；穿睡袋、裹襁褓；妈妈告诉孩子该睡觉了，互说午安或晚安；睡眠音乐、白噪音；关灯；亲吻；塞奶嘴；开床铃；听故事；唱儿歌等能安抚孩子情绪，并建立睡眠联想的其他活动。

当然你也可以根据孩子的情况，自行开发容易让他进入平静、无聊、犯困状态的活动。这时你就可以用到“清单管理法”了。列一个睡眠仪式清单，在初期可以都试试看。保留最容易使你的孩子放松、安静下来的仪式，划掉让孩子情绪更加激动的仪式。一旦选好睡眠仪式的内容，尽量把顺序固定下来。

睡眠仪式可分为三个阶段：

- 过渡阶段：停止游戏活动，让孩子意识到游戏时间结束，该睡觉了。这一阶段的睡眠仪式为收玩具、洗脸刷牙。
- 安抚平缓阶段：让孩子情绪平稳，做一些放松、舒缓的活动，比如抚触按摩、讲故事等。该阶段的活动最好有很慢的节奏，不停地反复，让孩子渐渐进入无聊犯困的状态。
- 哄睡阶段：此阶段进入正式的哄睡，开白噪音、互道晚安、关灯、使用安抚物等。

宝宝的精神状态与睡眠时间的关系

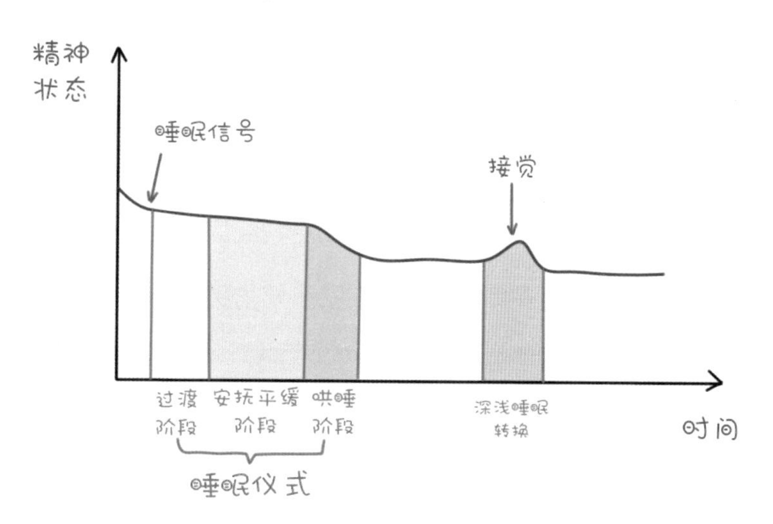

一妈轻松哄睡6步法

第一步，打造舒适的睡眠环境。

排查床上有没有安全隐患，检查被褥厚度是否合适，过热或过冷都容易造成孩子反复惊醒。孩子在白天小睡时不用刻意营造特别安静或特别黑的环境，但也不能刻意制造噪声或者强光，只需加强孩子抗干扰的能力即可。夜晚保证安静昏暗的睡眠环境，孩子睡着以后只要不是惊醒大哭，不要过多干预。夜晚选用夜用纸尿裤，除了拉屁屁以外，尽量不要在半夜给孩子更换纸尿裤，否则容易让孩子彻底清醒。如果非要更换，可以在喂夜奶前更换。

第二步，抓住睡眠信号。

当孩子出现眼神发直、烦躁、抓耳朵、揉眼睛、打哈欠、哼哼唧唧等2～3个睡眠信号时，代表孩子已经困了，此时哄睡很容易成功。如果孩子开始哭闹，表示孩子已经困过头了，错过了最佳哄睡时机，哄睡难度陡增。

对于规律作息已经比较稳定的孩子，根据清醒时长，妈妈可以预知睡眠信号来临的时间，提前把孩子放上床。同时，规律作息可以培养生物钟，让孩子到点就困，把父母的哄睡变成外力，直至慢慢去掉外力，只靠孩子的生物钟和自我安抚就可以达到自主入睡的水平。

第三步，建立固定的睡眠仪式。

白天小睡前可以安排穿睡袋、塞奶嘴、关灯、开白噪音作为短暂的睡眠仪式。而晚上入睡前可以安排游泳、洗澡、抚触按摩、喂奶、穿睡袋、关灯、开白噪音、定时小夜灯、讲故事等方式作为睡眠仪式。

睡眠仪式的原理：从睡眠信号出现到入睡一般还有一段过渡时间，在这段过渡时间里，需要把孩子最后的“电量”放完，且让孩子保持情绪平稳，直至感到无聊。这段过渡时间就是睡眠仪式的时间。睡眠仪式将一些动作、物品与睡眠建立联系，习惯养成后，睡眠仪式就会变成提示孩子的睡眠联想。睡眠仪式的时长和活动顺序由孩子情绪平复、耗尽最后的“电量”所需要的时间来决定，每个孩子都有差异，需要你反复试验、观察。

比如在孩子玩得比较兴奋时，需要更长时间的睡眠仪式来帮助他把情绪平复下来。家长遇到这种情况时，可以根据作息计划表提前把孩子放上床，给孩子比较长的情绪平复时间。

第四步，平稳情绪，转移注意力。

通过按手、拍哄、白噪音、安抚物等方式保证孩子情绪平稳，并且将他的注意力转移到拍哄、白噪音等这种频率稳定、容易引发睡意的动作上。孩子睡前哼哼唧唧很正常，不需要抱起，家长用温柔干预的方式继续安抚情绪，转移注意力即可。

当孩子的情绪失控大哭时，会沉浸在自己的哭声里，很难注意到你，你需要做的是将孩子的注意力吸引过来。推荐在睡前使用优先级较高、干预程度较低的安抚方式。在优先级较高的安抚方式可以起到作用时，尽量不用抱起孩子和喂奶等方式。

如果你选择白噪音、音乐、言语安抚等方式，一定要确保声音能盖过孩子的哭声，让他听到这些声音并被这些声音所吸引。

如果你选择拍拍、按手、摸眉等方式，也需要加大频率，把孩子的注意力吸引过来。当他的注意力被吸引过来后，再使用各种安抚方式才有效果。

如果选择提供安抚物的方式，确保孩子能看到、摸到、咬到安抚物，保证他能在大哭中被安抚物转移注意力。

如果其他安抚方式无效，家长可以把孩子抱起来，在他情绪稳定后，试着把他放回床上，让他在床上入睡。此时再辅助安抚奶嘴、安抚巾、床铃、白噪音、音乐、妈妈的语言等转移孩子的注意力。

在孩子情绪平稳下来之后，给他提供一个单一无聊、平静舒适的环境。此时，减少对视、过度逗弄、大声说话等一切刺激孩子的行为。家长可以想象催眠师是如何催眠的，给孩子一些频率一致、容易引发困意、能够转移注意力的睡眠联想，用温和、反复、无聊的内容吸引他的视觉、听觉、触觉的注意力。

第五步，巩固睡眠。

孩子闭上眼睛并不代表哄睡结束。因为孩子刚入睡时很容易惊醒，家长一定要坚持哄睡，直到听到他轻微打鼾或者确认他睡熟再缓慢地停止哄睡。

当然，如果孩子此时已经有自主入睡的征兆，则无须如此守候，循序渐进做减法，给孩子尝试自主入睡的机会。

第六步，及时接觉。

婴儿睡眠会在深睡眠和浅睡眠间不停转换，转换时非常容易惊醒。这就是“30分钟魔咒”，也就是说婴儿很容易睡20～40分钟就惊醒、哭闹，此时孩子并没有睡够，需要接觉。

16 种常见哄睡方法

掌握了轻松哄睡6步法后，接下来我们来看一下目前广为流传的哄睡方法。当你准备使用时，试着将那些方法拆解成6步法看看，你会发现原来每一种能将孩子哄睡的方法背后，原理都是如此简单。

16种哄睡方法详解

哄睡名称	操作方法	方法解析	优先级
奶睡	让孩子边吃边睡。	具有依赖性。	★
抱睡	把孩子抱在怀里进行哄睡。	具有依赖性，随着孩子体重增长，问题越来越严重。	★
晃睡	抱着孩子走动，让孩子进入睡眠。	具有依赖性，孩子的大脑发育还不完善，晃睡对大脑有严重的危害。	★
车哄	把孩子放在推车里或汽车的安全座椅上，通过汽车的晃动哄睡。	应急外出可以，不适合长期使用。	★
法伯法	在孩子睡前哭闹时，定时查看孩子状况，通过音乐、拍拍等简单安抚方式让孩子入睡。	不适合小月龄的宝宝，适合已经有自主入睡倾向的大月龄宝宝。	★★

续表

哄睡名称	操作方法	方法解析	优先级
电动摇篮哄睡法	把孩子放入电动摇篮中，利用摇篮的摇动频率、音乐、玩具进行哄睡。	适合戒除抱睡、晃睡时过渡使用，不适合长期使用。	★★
抱起放下法	当孩子哭的时候抱起来，孩子不哭的时候放回床上，如此反复。	抱起放下幅度太大，难度较大，本质是安抚宝宝情绪，建议当其他安抚方式失效时再使用。	★★★
襁褓法	通过给小月龄宝宝打襁褓或者穿投降式睡袋，达到避免惊跳的作用。	适合小月龄惊跳，亦可选用投降式睡袋。	★★★★
陪睡装睡法	此法针对1岁以上已经能自主入睡但精力旺盛的孩子，在他们入睡前关灯，不再给他任何刺激，家长在旁边装睡。	适合已经可以自主入睡，但是喜欢“查岗”的宝宝，也是一种培养孩子自主入睡的方法。	★★★★
调整睡姿法	在宝宝白天小睡时，帮宝宝调整睡姿，让他更舒服地入睡。	对于一些喜欢侧睡的宝宝可以使用，注意预防口鼻堵塞的窒息风险。不建议使用趴睡，会有较高的窒息风险。	★★★★
嘘拍法	在发出“嘘嘘”的声音同时轻拍孩子的肩部、背部、臀部、腿部哄睡。	刚开始难度大，孩子适应后，减少“拍拍”和“嘘嘘”的时长，慢慢过渡到自主入睡。	★★★★★

续表

哄睡名称	操作方法	方法解析	优先级
按手法	按住孩子双手，或者侧压顶住孩子身体，不让他在睡前动作太大。	适合有惊跳反应，容易挥手吵醒自己的宝宝。	★★★★★
抚摸法	配合白噪音、安抚语言、音乐，轻轻地抚摸孩子眉心、额头、眼眶周围。	通过肌肤接触安抚宝宝情绪，对于已经很适应床哄的孩子有效，也是过渡到自主入睡的好方法。	★★★★★
白噪音法	利用吹风机的声音、流水声、海浪声等这些白噪音帮助宝宝快速入睡。	起到转移宝宝注意力的作用，可以和其他方法配合使用。	★★★★★
声光玩具法	通过声光拨浪鼓、床铃等，用音乐和光线吸引孩子的注意力，平复他的情绪，孩子觉得无聊即可入睡。	此法可以平复情绪、转移注意力，适合已经达到自主入睡水平的孩子。	★★★★★
安抚物法	利用安抚物（安抚奶嘴、安抚巾、安抚娃娃）为孩子提供熟悉的气味，可以抓握、方便啃咬，满足了孩子精细动作发展和口欲期的需求，给孩子很安全、舒适的感觉。	安抚奶嘴适合小月龄、口欲期的宝宝，可以在8~10个月戒除，更换为安抚巾或安抚娃娃。这个方法适应期较长，但是使用时长也长。	★★★★★

戒奶睡、戒抱睡

虽然在上文提到了抱睡、奶睡是家长常用的哄睡方法，但一妈要在这里提醒新手爸妈，奶睡、抱睡也是家长们最常掉进的深坑。初用时，简单粗暴见效快，但长期使用容易形成过度依赖。这会使孩子的睡眠问题陷入恶性循环，妈妈也会因此疲惫不堪。

戒奶睡

尝试引入安抚奶嘴、安抚巾。很多孩子奶睡是因为只吃奶无法满足他的吮吸需求。但是一直含着妈妈的奶头睡觉，又会引起孩子消化周期紊乱。那么此时安抚奶嘴、安抚巾就是可以满足孩子吮吸需求，但不会引起消化周期紊乱的最佳替代物。

对于不接受安抚奶嘴的孩子和不想给孩子使用安抚奶嘴的父母，也可以尝试先用抱睡过渡，不要在白天小睡前喂奶。睡前吃两口奶，很容易引起胀气、肠胃不舒服，反而会干扰睡眠质量。

戒抱睡

最严重的抱睡是不仅要抱，还要边走边晃，或者抱着孩子做深蹲。使用这种方法无异于饮鸩止渴，急功近利地掩埋住问题，让问题有生根发芽的时间，等你的问题长成一朵“食人花”，你再想铲除，难度就更大了。

在戒抱睡之前，请先保证以下两件事情已经完成。

1. 孩子作息已经比较稳定。生物钟已经形成，到点就困，你可以判断睡眠信号，抓住哄睡的最佳时机。如果还没达到，请先培养规律作息，将作息打通。

2. 孩子的情绪平稳。我们其实不是在哄睡，而是在哄情绪。你可以根据前面章节的21种安抚方法达到此目标，也可以大开脑洞自由发挥。总之，尝试用你能想到的除了抱和喂奶这两种方式以外的其他方式，把孩子的情绪安抚下来。

实操课堂

戒抱睡4步法

第一步，减少抱孩子时其他动作的幅度和频率，尽量安静地坐下来。

第二步，等孩子可以适应你安静地抱着他时，开始引入新的睡眠联想：轻拍、白噪音、安抚奶嘴、安抚巾等。给孩子2天时间适应，在抱孩子时可以使用包被或子宫床。在确定孩子进入深睡眠后放下。

第三步，减少抱孩子的时间，不要等孩子完全睡熟才放下，在孩子情绪平稳、迷糊时放下。放下的同时继续用拍拍、白噪音、安抚物等睡眠联想。这一步要反复尝试，第一天估计会以失败告终，到了第二天、第三天，可能会出现一两次成功，坚持一周，基本就可以做到在孩子入睡前成功把他放在床上。将孩子放床上时可以先把孩子屁股放下，后放头。

第四步，彻底不抱，直接在床上哄睡，配合拍拍、抚摸、语言、白噪音和安抚物等优先级较高的安抚方式。可以让孩子在床上玩，直到想睡觉时直接让他在床上入睡，这样省去了孩子困到难以放下的步骤。哄睡过程中，如果发现孩子哼哼唧唧有些烦躁，不用抱起，继续坚持嘘拍、按手、抚摸、语言安抚等即可。如果孩子情绪失控大哭，无法用别的方式安抚，可以抱起安抚情绪，待情绪稳定后放回到床上（即抱起放下法）。记住，你的抱只是为了安抚情绪，睡觉还是要在床上。

自主入睡的引导

自主入睡作为睡眠引导的最高阶水平，是很多妈妈梦寐以求的。如何才能解放双手，真正实现自主入睡呢？

自主入睡的前提

1. 规律作息是自主入睡的首要条件

规律作息的重要性和优先级是高于睡眠引导的，在规律作息完成以后，家长可根据自己的需求，选择性地做一些睡眠陪伴式引导，事半功倍。主要原因有以下三点。

首先，完成规律作息后，父母对孩子的需求能够准确判断并及时满足，不至于等到孩子哭了、闹了才意识到孩子困了，从而错过最佳哄睡时间，哄睡难度暴增。

其次，每天的生活有节奏、有规律，父母的行为一致，孩子对未来的活动安心，对父母的行为足够信任，家庭环境稳定，是孩子独立入睡的前提。

最后，建立生物钟，借助孩子内在的生物钟力量，再配合对睡眠信号的把握，抓住最佳入睡时间点，给孩子提供良好的睡眠环境，孩子就可以在稳定的情绪和状态下尝试自主入睡。

所以在开始任何睡眠引导前，请先保证孩子已经基本完成了规律作息。

2. 安抚物的引入是自主入睡的辅助工具

孩子刚开始在床上入睡，可能仍需要借助妈妈的人为干预，比如拍拍、按手、嘘嘘的辅助。这样的入睡方式只离自主入睡差一小步了，这一小步的诀窍就在于神奇的安抚物。

当孩子躺在床上后，可以选择几样最能吸引他注意力的安抚物，将安抚物安排在睡眠仪式中。等他对安抚物产生睡眠联想时，就可以慢慢减少人工干预的频率和时长，直至最后没有人工干预。

3. 孩子独立探索、自主玩耍可以提高自主入睡的能力

培养自主入睡不仅可以提升睡眠能力，还可以提升孩子独立自主解决问题的能力。想要孩子有足够自主解决问题的能力，就需要孩子有足够的安全感，当父母将他放在床上不多干预让他睡觉时，他不会觉得被遗弃，不会在情绪上失控，可以自我安抚。而自主解决问题的能力则需要在他日常玩耍活动中多多去锻炼。

在孩子玩耍时，给他独立探索的机会，在他需要的时候出现，在他不需要的时候克制住自己的控制欲，孩子才能学会独立自主解决问题。这样当他面对睡眠问题时，他也会尝试靠自己来解决睡眠问题。

自主入睡 9 步法

了解了自主入睡的前提，你可以通过以下9步帮孩子达成自主

入睡。

第一步，进行规律作息，让孩子形成到点就困的生物钟。

第二步，戒抱睡，把孩子放在床上哄睡。

第三步，固定睡眠仪式，观察睡眠信号，找到连续2～3个睡眠信号，并且记录从睡眠信号出现到孩子入睡的时长。

第四步，在不同的睡眠信号下哄睡，记录人为干预的哄睡时长，找到2～3个睡眠信号中的最佳睡眠信号。

第五步，根据作息计划，在最佳睡眠信号出现前5～10分钟开始睡眠仪式，平复孩子的情绪，避免过度刺激，让孩子躺在床上进入平静状态。

第六步，根据记录的哄睡时长，逐步缩短人为干预的哄睡时长，可用1～3天的时间完成这个过渡。

第七步，当人为干预时长减少到5分钟以下，就可以尝试在睡眠信号出现后只陪在孩子身边，给孩子安抚物，让他尝试自己入睡。如果出现哭闹，用按手、白噪音、声光玩具、嘘拍等转移孩子的注意力，改变哄睡习惯需要3～5天的时间。

第八步，当孩子成功自主入睡几次后，说明他已经可以自主入睡了，家长只需要用心观察入睡信号，在睡眠仪式后，给孩子一个安静的睡眠环境即可。

第九步，等孩子自主入睡次数越来越多，睡眠仪式完成后，家长可以直接离开，在门外留意孩子的动态。

自主入睡并不是一劳永逸的事情，需要父母不断巩固加强。有些孩子自主入睡后，仍有可能因为各种特殊情况出现反复倒退。出现倒退时，从规律作息开始，重新调整一遍即可。重新调整比从零开始的进度快很多，家长无须焦虑。

婴幼儿常见睡眠问题及解决方案

昼夜颠倒

新生儿难以分辨昼夜，常常会出现昼夜颠倒的情况，针对昼夜颠倒，需要分成两种情况讨论。

情况一：晚睡。晚上很晚才睡，有时到了将近半夜或凌晨才睡。

情况二：白天睡得多，导致半夜醒来。白天孩子睡得很多，到了半夜频繁夜醒，醒来睡不着，称为“夜嗨”。

良好的作息直接影响到孩子身体成长发育，早早按时睡觉这样的好习惯对于婴儿来说尤为重要。

实操课堂

昼夜颠倒矫正5步法

第一步，根据你的作息计划表，在早晨该醒的时间提供温柔的叫醒服务。晨起时间轻轻唤醒孩子，告诉他早晨到了，该起床了。3天时间，孩子的晨起生物钟就会固定下来。

第二步，起床后进入规律作息“吃—玩—睡”的环节。矫正初期，孩子在第一个周期会很困，可能会遇到边吃边睡的情况，家长可以尝试使用挠孩子的手心、脚心，换边喂奶，用孩子喜欢的东西吸引他的注意力等方式，唤醒孩子吃奶。

第三步，白天吃完奶后保持清醒一会儿。在早晨，孩子可能因为早起非常困，难以清醒太久，不用焦虑，让孩子哪怕清醒1分钟都好，随后他可以早点儿睡下一个小觉，补充体力。

第四步，白天小睡不能过长，超过3小时就唤醒。醒来后，进入下一个“吃—玩—睡”的周期。白天小睡可以有光线和些许走动的声音，不要过于昏暗和安静。通过这种方式，帮助孩子区分白天和黑夜。

第五步，控制黄昏觉的时长，充分“放电”。让宝宝下午睡得少一点儿，在夜觉前可以安排趴卧练习、做被动操、游泳、洗澡抚触等“放电量”大的运动，以保证释放完精力，早早睡觉。

其实以上方法都是规律作息的基本方法，当你帮助孩子建立规律的作息，昼夜颠倒、点心奶等问题自然会解决。

昼夜颠倒其实是睡眠引导里众多问题中难度相对较低的问题，只要你坚持培养规律作息，少则2天，多则7天，基本都会调整过来。良好的作息给孩子带来的益处是长远的，好习惯初步养成需要付出努力，当孩子生物钟稳定后，你会发现孩子的精神状态会变得更好，你自己也会轻松许多。

白天小睡短

0～6个月之间的孩子特别容易遭遇“30分钟魔咒”，即睡到30分钟前后就准时醒来，无法完成睡眠转换，醒来后表现出很困、很难受、情绪不好的状态，家长重新哄睡的难度很大。

引发孩子白天小睡短的主要原因有以下5点。

1. 白天环境变化大：白天突发噪音、光线干扰多，小月龄宝宝本身易惊醒，突发的情况极易打断孩子的睡眠。

2. 父母干预过多：晚上父母也需要睡觉，只有听到孩子的响动很大才会醒。而白天孩子睡觉时，父母在旁边看着，稍微有点儿动静就紧张不已，忍不住想要干预，结果干预过度反而造成了孩子的睡眠障碍。

3. 深浅睡眠转换失败：因为孩子月龄较小，发育不完善，睡眠能力还不足以保证每次深浅睡眠转换都成功。所以容易在转换期惊醒。

4. 惊跳反应：小月龄宝宝惊跳反应严重，容易将自己惊醒。

5. 随意喂养导致肠胃不适：因为不规律的喂养，导致胀气、过度喂养等，都会影响到孩子的睡眠质量。

那么面对孩子小睡短，应该怎么办呢？

实操课堂

接觉 4 步法

第一步，认真观察孩子醒来的原因。可以录下孩子醒来的全过程视频，观察一下孩子醒来是因为惊跳、转睡眠失败、饿了、肚子不舒服，还是其他原因。多录几次，方便自己回看总结，同时记录下孩子醒来的大致时间。

第二步，观察孩子醒来的状态，是烦躁哭闹，还是平静甚至开心？

第三步，维持睡眠环境的一致性。

比如保持白噪音播放，保证光线无突然变化，保持屋内温度稳定。

第四步，对应上面观察到的不同原因制订接觉方案。

方案一：如果孩子因为惊跳醒来，可以尝试给孩子打襁褓或使用防惊跳睡袋。

方案二：有的孩子在醒来前没有太大动静，会突然睁开眼睛。此时你可以试着用手轻轻地从额头摸到眼睑，反复抚摸，直到孩子闭上眼睛重新入睡。

方案三：对于使用安抚奶嘴的孩子，观察孩子快醒前，会有嘴巴吮吸的动作，在这个动作出现时，把安抚奶嘴递到孩子嘴边，让孩子吮吸安抚奶嘴。等孩子进入深睡眠后再取出奶嘴。

方案四：对于惊跳反应严重的孩子，在孩子易醒前5～10分钟，用手轻轻地将孩子按成投降姿势。如果孩子用力挥手，不要强按，跟着孩子的动作控制他的手挥动的幅度，不要让他的手碰到脸就可以。等孩子力气变小，慢慢按回投降的姿势。当孩子不怎么动了，可以放开一只手；当孩子彻底没有小动作了，放开两只手。也可以配合使用投降式睡袋、襁褓等防止惊跳的工具。

方案五：如果是因为转睡眠失败，可以提前5～10分钟把孩子的身体轻轻侧过来，贴着自己的身体。轻拍孩子的屁股或者大腿，等孩子睡着后离开。

注意要点：

1. 尽量不要抱起来接觉，抱的动作太大，很容易让孩子彻底醒来，而且抱哄依赖性强，不易养成自主接觉。在规律作息初期，如果确实依赖抱哄，每天可以选择一次抱哄，以保证孩子的睡眠量和清醒时的状态。

2. 不要把接觉变成你和孩子的拉锯战，给接觉设定一个时长，比如15～20分钟。如果超过这个时长仍然没有接上，那就放过彼此，让孩子起来玩吧，只要孩子不哭闹就好。

3. 当孩子有了自主入睡的迹象，可以尝试减少干预，让孩子自己试试能不能自主接觉。不用担心他接不上，他需要多尝试几次。即使没接上醒过来，你也可以安抚他，待他情绪平稳后重新哄睡。

4.白天小睡单次不要超过3小时。如果孩子睡满2.5小时以上还不清醒，务必要将孩子唤醒。一旦孩子白天小睡单次超过3小时，就非常容易出现昼夜颠倒的状况。他会误把白天的小睡当作夜觉，到了夜晚，则会迟迟不睡或者频繁夜醒。

5.不用强求每次白天小睡时长都达到1.5小时。有的妈妈希望自己的孩子每次睡眠时长都能固定在1.5小时，如果能做到当然很好，但是现实情况是很难做到每次小睡时长都一样。妈妈不用因此而焦虑，在小睡上，还是要看孩子全天的精神状态，只要保证白天他的睡眠量满足他自身需求即可。

有的妈妈说每次小睡时长不等，这样可能会出现在早晨的第一个周期里吃—玩—睡—玩，在后面的周期里吃奶和睡觉撞车。出现这种情况，只需要微调周期，保证吃奶和睡觉是分隔开的，哪怕这中间只有很少的清醒时间间隔。

睡眠倒退

在你帮助孩子引导睡眠时，常会遇到原先睡眠良好的孩子，突然有一段时间睡眠变差，比如夜醒频繁、小睡短、哄睡难等问题，这种反复被称为睡眠倒退。

这种睡眠倒退非常正常，有的是打疫苗、生病、外出、过年等特殊原因引起的；有的是有时间规律的倒退，即大部分孩子在这样的月龄都会遭遇反复。这些倒退往往说明孩子成长了，他在用倒退提醒你之前的作息安排已经不能满足他当下的需求，在提醒你复盘改变。

当然，还有的倒退是妈妈之前执着于睡眠训练，不重视规律作息，强行在作息基础不稳的情况下训练睡眠，虽然短期有成效，但随着孩子成长，自身作息规律又发生了变化，妈妈却没有意识到是作息引起了睡眠倒退。睡眠训练就好比速效减肥药，吃的时候短期有效，一停药立马反弹。

因此睡眠倒退最本质的解决方法还是规律作息。这里重点介绍一下有规律的睡眠倒退产生的原因及应对方法。

不同月龄的睡眠倒退

常见的睡眠倒退大致出现在2～4月龄、7～10月龄、12月龄，持续时间为1～4周。每个月龄段出现睡眠倒退的原因不同，我们逐一分析。

2～4月龄睡眠倒退

表现形式及原因分析：

1. 夜觉出现问题，夜晚入睡困难、夜醒频繁、夜间醒来不睡、玩一会儿才睡。这是因为之前的作息已经不符合目前孩子的需求规律了，需要重新调整作息。清醒时间越来越长，需要的“放电量”也越来越大，同时需要4觉并3觉。

2.大运动发展和认知发展迅速，开始翻身，夜晚也会练习翻身；视力变得更加清晰，对身边的世界充满好奇，这些都会导致孩子变得兴奋易醒。如果孩子在这个阶段吃手，不要去阻止，孩子处于口欲期，正在通过吃手认识自己，同时也在学习自我安抚。

3.之前白天小睡时间挺长，突然开启“30分钟魔咒”。因为孩子需要的睡眠量比2月龄之前有所减少，同时睡眠能力还未提升，很容易在深浅睡眠转换中醒来，可以尝试接觉，如果接不上觉，将作息改为“吃—玩—睡—玩—睡”。

7～10月龄睡眠倒退

表现形式及原因分析：

1. 白天需要的睡眠量进一步减少，孩子的白天小睡已经可以慢慢从3觉过渡到2觉，上午一觉，下午一觉，偶尔黄昏需要补觉。但6点以后尽量不要再让孩子睡觉了，如果有黄昏觉，睡觉时间控制在40分钟内。

如果之前孩子夜觉入睡时间比较早，比如7点，此时孩子后半夜（凌晨）睡眠很不安稳，反复醒来，可能说明对于你的孩子而言睡得有点儿早了，可以适当把入睡时间向后推。

2. 这个阶段孩子的精力更旺盛了，开始爬行、独坐、扶站、尝试走路，大运动发展飞快，要给孩子足够大的空间去运动“放电”。尤其睡前要让孩子多活动，将“电量”耗尽。

3. 分离焦虑到来，孩子认知水平更高，对照料者依赖更强，“客体永久性”没有建立起来，想反复起来查看照料者是否存在。

4. 长牙期可能会带来烦躁不安，当你看到孩子经常流口水，虽然牙尖还没冒出来，其实已经产生长牙前期的烦躁感了。

12 月龄睡眠倒退

表现形式及原因分析：

孩子精力越来越旺盛，白天只睡1觉就足够，但午觉时间太长，或者午觉时间太晚都会影响到夜间睡眠。在孩子清醒的时间需要充分“放电”。

可以看到，每个睡眠倒退期，都与孩子大运动发展、认知发展、作息调整紧密相连，出现睡眠倒退其实正说明孩子长大了，又解锁了很多新的技能，父母应该为之高兴，并且细心观察孩子的变化，随时调整作息。

三个睡眠倒退期有一个共同特点：白天需要的睡眠量减少，与此相对应，需要的活动量增加。因此，并觉和充分“放电”是睡眠倒退期最常见的两种处理方法。

特殊时期的睡眠倒退

“猫一天，狗一天”这句俗语用来形容1岁以内的小宝宝，真的很贴切。

孩子在出生后的第一年成长飞快，会经历很多特殊时期，因此也会出现很多反复情况。正是因为如此，我们更要让孩子作息规律起来，这样我们才能更准确地捕捉这些特殊时期，提前做好准备。

第一年可能面临的特殊时期主要有猛长期、厌奶期、大运动发展期、口欲期和分离焦虑期。

猛长期

婴儿的发育并不是匀速成长的，而是会在某些特定的时间段突然成长一下，这个特定的时间就是“猛长期”。猛长期孩子会烦躁、食量大增、少觉、哭闹。猛长期前后，孩子会平静几天，嗜睡少食。规律作息的孩子比较容易捕捉到猛长期，一般出现在7～10天、2～3周、4～6周、3个月、4个月、6个月、9个月。每个孩子的猛长期有差异，前后会有一些出入。每次猛长期大概持续2～7天。

对待猛长期，保持作息规律，增加单次喂奶量或适当缩短喂奶间隔即可。

厌奶期

厌奶期指孩子本来胃口挺好的，没有任何生病症状、活动正常，突然有一段时间不喜欢吃奶，或者吃奶时注意力不集中，过一段时间自己就恢复了，常见于3～5月龄。

厌奶期不要强喂，适当延长喂奶间隔、改变喂奶环境可以帮助孩子快速度过。

大运动发展期

大运动发展期指1岁前的孩子俯卧、抬头、翻身、爬行、独坐、独站的大运动发展时期。大运动发展期可能会影响到夜间睡眠，翻身、坐起、站立等也会引发睡眠倒退。遇到这种情况，要在白天给孩子足够多的练习，足够大的场地，充分“放电”会帮助孩子尽快度过因大运动发展引起的睡眠倒退。

口欲期

口欲期指孩子喜欢吃手、吃脚，所有看到的东西都先放嘴里咬一咬，通过嘴去感知、认识世界。顺应口欲期发展，引入安抚奶嘴、安抚巾、安抚娃娃，或者让孩子学会吃手自我安抚，都对规律作息大有益处。

分离焦虑期

分离焦虑期指婴幼儿因与亲人分离而引起的焦虑、不安或不愉快的情绪反应，在8～14个月达到高峰。培养孩子从小独立玩耍，有助于建立安全型依恋关系，在分离焦虑到来时也更容易应对。

夜醒频繁的解决方案

首先我要和各位家长澄清一个概念：夜醒≠夜奶。

并不是每次夜醒都必须喂夜奶，我们只在孩子真的有饥饿需求时才给他喂奶。如果夜醒是其他原因，我们则要找准原因，对症下药地去解决问题，而不是简单粗暴地用安抚奶、点心奶、塞奶止哭来忽视问题。

夜醒频繁的 8 个原因

1. 身体不适：比如胀气、长牙、生病。要特别说明的一点是，很多孩子因为作息紊乱，父母总担心孩子没吃饱，不停地在睡前喂奶，反而导致过度喂养、胀气严重，所以夜间会出现拧来拧去、频繁夜醒、哭闹。这时父母如果还在靠喂奶止哭，实际是加重了肠胃的不适。睡前控制奶量、做排气操，可以缓解此类夜醒。如果是因为长牙、生病，爸爸妈妈要理解孩子的身体不适肯定会引起夜醒，耐心观察孩子的状态，尽量安抚孩子的情绪。如果病情严重，要及时就医。

2. 转睡眠失败：孩子在0～6月龄时睡眠能力没有发展完善，父母干预过度，导致孩子无法自己完成自我接觉，在浅睡眠转深睡眠的过程中醒来。减少过度干预，发展孩子自主入睡、自主接觉的能力，可以减少此类夜醒。

3. 分离焦虑：6月龄以上的孩子有可能因为分离焦虑出现“查岗”的现象，频繁起来查看妈妈是否在身边。这时可以参考上一章关于“分离焦虑”的8种改善方法。

4. 夜间喂点心奶、安抚奶：孩子消化周期过短，比如白天有吃点心奶的习惯，每次吃不了几口就睡着，睡着不久又被饿醒。有的照料者习惯性喂安抚奶，导致孩子根据照料者的行为养成了习惯性夜醒，必须依赖安抚奶才能入睡。戒掉夜间点心奶、安抚奶，不是真的饿了不喂，用别的方式安抚哄睡，进行全天规律作息引导，就可以改善这种情况。

5. 白天睡眠量超标或过少：白天睡得太多或者太少都会对夜间睡眠质量产生影响。白天睡得太多，夜间睡眠需求相应减少。白天睡得太少，夜间过度疲劳，反而使大脑过度兴奋，浑身不舒服，却怎么也睡不着或者睡不安稳，孩子哭闹不止。所以家长要学会判断孩子的睡眠总需求量，并且在白天和夜晚合理分配。

6. 白天“放电”不充分：如果你的孩子全天都被人抱着，他没有机会充分运动探索，进行高质量“放电”，夜间很有可能出现睡不安稳或者醒来玩1～2小时再睡的情况。

7. 夜惊：孩子在睡梦中突然尖叫大哭，怎么哄都没用。此时孩子可能做噩梦了，抱起仍然处于噩梦中的孩子是无法安抚他的情绪的。因此这时要把孩子唤醒，重新哄睡。

8. 真的饿了：喂奶，且保证喂一次就喂充分。如果你觉得有调整夜奶时间的必要，就可以接着看下面的内容了。

夜奶调整

断夜奶是很多妈妈迫切的愿望。然而断夜奶对于有的孩子而言水到渠成，对于有的孩子却不得不需要父母给出一些引导。

首先需要明确断夜奶的概念，《儿童发展心理学》中明确提到：

一般来说，婴儿到16周大时能够在晚上连续睡眠6小时，而白天的睡眠开始变成规律的小睡。

所以我们在断夜奶之前，先要判断有没有必要断。

第一步，判断夜奶类型

首先，连续几天试着记录孩子夜醒的次数和时间，看看是否有规律。

其次，注意观察孩子每次醒来的精神状态，每次醒来都大口大口地猛吃，还是把你的乳房当作安抚奶嘴，塞到嘴里咂巴两口就继续入睡？

“大口大口猛吃”说明他真的饿了，我们可以称之为必要性夜奶，那当然需要喂奶。记录下他夜晚真的因为饿了而醒来的时间间隔，每次吃奶的时长和奶量。

“咂巴两口就睡了”说明是习惯性夜奶。之前的“一醒就喂”行为强化训练了孩子习惯性夜醒，孩子在迎合照料者，而不是需要喝奶。长此以往，孩子为了配合照料者的安抚，学会了准时在固定的时间醒来等着被喂两口奶。

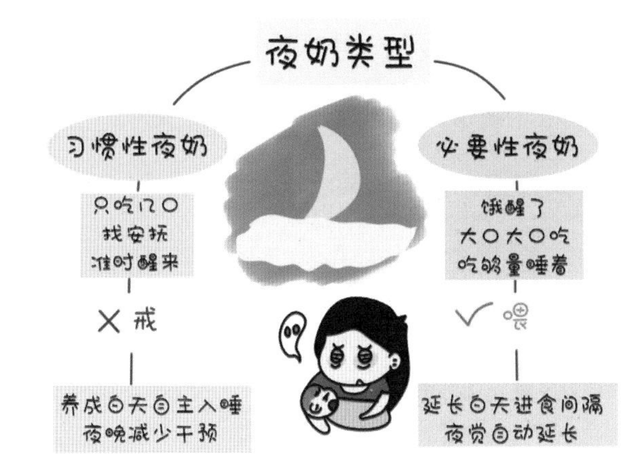

第二步，戒除习惯性夜奶，停止喂奶安抚

对于习惯性夜奶，照料者现在需要做的是停止用奶安抚孩子，尝试用别的方式安抚他。照料者会发现刚开始这么做，需要很长时间才能让他再次入睡。随着孩子习惯了新的安抚方式，他再次入睡的时间就会越来越短。

等到他完全适应了新的方法，就可以慢慢减少干预，给他一些机会尝试自己入睡。当照料者不再过度干预孩子的夜醒，他就会慢慢忘记夜醒，不会在这个时间点再次醒来。

一定要渐进式地减少干预，直至最终不干预。不要人为地给孩子制造额外的睡眠问题。

注意：习惯性夜奶会让孩子习惯了进到妈妈怀里就有奶吃，当妈妈再次抱起孩子却不给奶时，孩子会变得很烦躁。此时，可以把孩子交给其他家人哄睡，效果会更好一些。

第三步，延长必要性夜奶间隔，直至孩子夜晚不会饿醒

很多孩子的第一段夜觉持续时间较长，第二段夜觉、第三段夜觉时间依次递减，到了清晨会睡得很不安稳，小动作很多，或者干脆起得很早。这是非常常见且正常的情况。主要原因在于：

1.睡前奶往往会喂得很饱，第一段夜觉孩子可以支撑的时间比较长。

2.等半夜醒来吃夜奶时，孩子和妈妈都比较困，单次吃的量还没达到正常一顿的量，双方就睡着了，能支撑到下次夜奶的时间就会变短。

3.到了清晨，孩子已经睡了很长时间，没有那么困了，睡得不深，小动作很多，非常容易把自己吵醒。清晨时分，就更需要妈妈减少干预，不要因为一点儿小动作就急于干预甚至喂奶，即使孩子醒了，也可以让孩子自己玩，玩一会儿继续睡回笼觉。此时，如果干预过多，反而会把宝宝彻底吵醒，很难再次入睡。

随着孩子消化系统完善，3月龄以下的孩子夜间进食次数控制在3次以内，5月龄以下控制在1～2次，6月龄时是完全可以舍弃夜奶的。

调整必要性夜奶间隔的方式有以下几种。

方式一：通过改变白天喂奶间隔来改变夜间喂奶间隔。

没有其他因素干扰的情况下，如果孩子白天喂奶间隔达到4小时，睡前奶到第一顿夜奶间隔基本可以达到5～9小时。规律作息的宝宝的消化周期已经稳定，如果在白天有活动消耗的情况下，他每

顿吃饱的量可以支撑4小时，那么在夜间无活动、低消耗的睡眠状态下，吃饱到下次饿醒会坚持更长时间。

如果孩子夜间吃奶间隔符合白天帮他建立的消化周期，当你想要延长夜觉持续时间时，应该从延长白天喂奶（进食）间隔入手。

很多孩子在喂奶间隔达到4～5小时后，会自然而然地不需要夜奶，给妈妈惊喜。这样断夜奶悄无声息，完全由孩子决定。所以，白天规律作息是最好的断夜奶的方式。你甚至什么都不需要做，静待花开即可。

例外情况：如果孩子的白天喂奶间隔已经拉开，夜间还是频繁醒来，就要考虑是否有习惯性夜醒。除此之外，还可以检查孩子的睡眠环境是否舒适。

对于已经添加辅食的大月龄宝宝，记住保持进食间隔，即不管你是只喂奶或者辅食，还是奶和辅食同时喂，只要孩子吃了就算一次进食，进食间隔要保证在4～5小时。有的文章建议把辅食添加在两顿奶之间。这样的建议给很多原本已经睡整夜觉的孩子带来了频繁夜醒。因为在两顿奶之间添加辅食，相当于将孩子已经稳定的较长的消化周期直接减短一半，到了夜晚，他会因为消化周期变短，频繁被饿醒。所以，建议对规律作息的孩子将辅食和奶放在一顿添加，先辅食后奶，或先奶后辅食都可以。这就好比我们成年人正常情况下会选择饭前或饭后喝点儿汤，但我们不会在早饭和午饭中间加一段专门喝汤的时间。

方式二：主动调整夜奶时间。

针对后半夜（晚上11点以后）喂奶间隔较短，想让孩子在11点以后能尽量睡得长一些，可以试试以下3种夜奶调整的方法。

1. 提前喂奶，将喂夜奶时间主动提前

如果孩子固定在凌晨1～3点中的某个时间点醒来吃奶，照料者可以尝试在晚上23～24点主动给他喂顿迷糊奶，以此来保证他23点后的睡眠。当然不要一下子就提前那么多，而是尝试一点点将这次夜奶往前移动。比如他固定每天凌晨2点会哭醒找奶，那么头两天可以设定1点半的闹钟，在他醒之前就去喂他，再过两天改为1点，一点点往前调，最终移动到23点喂奶。

2. 推迟喂奶，把后半夜的喂奶时间延后

这个方法比较困难，因为意味着孩子醒来哭闹要用别的方式去安抚他，家长可以等等看再考虑喂不喂奶。一般如果孩子醒来的时间点在早晨4～6点，可以尝试用这种办法，推后喂奶时间；也可以用循序渐进的方法，每天把喂奶时间往后移动10～30分钟。

这两个方法都需要妈妈主动去调适，难度比较大，要求妈妈在夜间保持冷静、耐心，需要调适好心情，在你可以接受的范围内尝试。孩子的适应能力还是比较强的，一般3～7天就能看到效果，如果超过7天没看到效果，就要考虑复盘原因，尝试别的方法了。

3. 睡前密集哺喂

这个方法源于《实用程序育儿法》。可以在孩子睡夜觉前缩短喂奶间隔，比如晚上9点喂睡前奶，在晚上11点前后加一顿“梦中进食”，不用开灯，不用说话，直接喂就可以，用奶瓶喂养会更容易操作一些。

对于每天吃2顿以上辅食的孩子，可以选择把其中一顿放在夜觉前，让孩子吃完辅食喝睡前奶，一口气吃饱后睡过夜。

方式三：减少单次夜奶进食量。

这个方法适用于6月龄以上，夜奶次数已经比较少，大概为1～2次，此时孩子的消化水平已经可以达到吃饱一顿睡过夜，但是孩子因为习惯了夜间加餐，仍然保留1～2顿夜奶。

可以通过以下两种方法减少单次夜奶进食量。

1.稀释法：这是《法伯睡眠宝典》里介绍的一种方法：第一个晚上用3/4的奶兑上1/4的水，然后每隔一两个晚上再稀释一点儿，逐渐变成一半水一半奶、1/4的奶和3/4的水、1/8的奶和7/8的水，以此类推，最后完全用水替代奶。此时意味着整个奶瓶里都是水，没有奶了，奶瓶扮演了奶嘴的角色，不提供任何营养物质，接下来只需在次日不再给孩子提供奶瓶即可。这时家长需要做的是帮孩子戒掉睡眠时吮吸奶嘴的习惯。如果孩子在稀释过程中拒绝进食，那就意味着他不饿，反而加快了戒除的速度。如果稀释法无效，法伯建议父母尝试“减次减量法”。

2.减次减量法：逐次减少喂食次数，或者逐渐减少单次喂食量。这两种方式可以双管齐下，也可以只用一种。这种循序渐进的方法，家长和孩子都比较能接受。

如果是亲喂，可以尝试逐步拉开两次喂奶间隔来减少喂奶次数。

如果是瓶喂，夜间喂奶可以更换小一号奶嘴，以此减少孩子的进食量，也可以尝试每次渐进式减少奶量。

婴儿睡眠的误区与真相

婴儿睡眠问题是妈妈焦虑的主要原因，而我们对于婴儿睡眠的一些常见误区不仅不利于问题解决，反而会使情况进一步恶化。因此，我们有必要了解一下关于婴儿睡眠的常见误区与真相。

误区1

孩子困了就睡了，不需要哄，孩子不睡，说明他不困

真相：很多婴儿不具备自主入睡的能力，需要后天习得。婴儿不睡，不代表他不困，很有可能是困过头了睡不着。父母适度的干预引导可以帮助他更早地学会自主入睡。如果期待一个不会自主入睡的婴儿困了自己睡，不观察他的睡眠信号，可能会得到一个困过头、崩溃哭闹、更加难以入眠的婴儿。

误区2

孩子只要想睡就让他睡，睡得越久越好

真相：每个孩子的睡眠需求量也有极限值，你可以观察、记录一下孩子精神状态比较好的时候，全天的睡眠总量是多少，这个值可能就是孩子的睡眠需求量。分析出孩子的睡眠需求量后，需要将需求量进行合理的分配，比如白天的睡眠总量和夜间的睡眠总量。如果白天的睡眠总量严重超标，全天睡眠需求被透支，到了夜晚就容易出现“夜嗨”、夜醒的情况。所以白天的小睡也不是睡得越多越好。

不同月龄睡眠需求参考值

月龄	睡眠总时长	白天小睡		夜晚睡眠	
		次数	总时长	夜奶次数	总时长
0~1	16~20h	4~5	5~6h	2~3	11~14h
	难点：7天、15天猛长期 重点：规律作息、昼夜分明				
1~3	14~18h	3~4	4~6h	1~2	10~12h
	难点：3个月猛长期 重点：规律作息、自主入睡				
4~6	11~14h	3	3~5h	0~1	9~10h
	难点：4个月睡眠倒退期 重点：断夜奶				
7~9	11~13h	2	2~4h	0	9~10h
	难点：长牙期及7~8个月睡眠倒退期、分离焦虑 重点：3觉并2觉				
10~12	10~12h	1	1~2h	0	9~10h
	难点：精力旺盛，白天需要充分放电 重点：小睡2觉并1觉				

我们用“换位思考”准则来想一下，如果一个成年人白天不怎么运动，一直躺床上睡，到了晚上是不是也容易出现熬夜、失眠、

多梦、睡不安稳的情况？这样去想也就能够理解孩子的感受了。

我在总结了上万份案例后，得出了一个普遍性的参考值：

白天的小睡单次时长既不能过短，也不能过长，1～2小时/次为佳。低于0.5小时或者超过3小时都是不合适的。低于0.5小时，容易导致孩子单次睡眠不足，如果每次都低于0.5小时，全天的疲惫就会积压，到黄昏或者夜晚睡前爆发，孩子会变得很烦躁，很难哄睡，俗称“黄昏闹”。超过3小时，容易引发孩子昼夜颠倒。

黄昏过后（6点以后）的小睡不宜过长，控制在1小时内为佳，否则容易影响夜间入睡时间和睡眠质量。

如果有的孩子早晨的小睡时长较短，不要紧，可以在中午或下午的小睡时间多睡一点儿。家长不需要要求孩子每次小睡时长必须均等、一致，只需要保证孩子白天的睡眠总量足够即可。家长可以通过孩子的精神状态判断是否睡够。

以上参考值仅供参考，务必以孩子的实际状态为准。在计算睡眠量分配这一点上，一妈的在线课程里都有详细的讲解，感兴趣的妈妈可以进一步学习。

误区3

孩子醒了就是睡够了，可以起来玩了

真相：如果孩子醒来精神状态不好，出现哭闹和一连串睡眠信号，可能说明他没有睡够，还是缺觉。家长需要让他继续躺在床上，平复他的情绪，尝试重新入睡。

如果这种情况在白天小睡时出现，就是妈妈们常说的“30分钟魔咒”，你可以尝试提前蹲守，观察到孩子有要醒来的迹象提前接觉。如果孩子情绪失控，可以在孩子完全醒来后，安抚好情绪重新哄睡。如果孩子精神状态尚可，可以让他起来玩一下，观察他的表现，如果又出现睡眠信号，可以再次哄睡。如果孩子醒来快到奶点了，可以让孩子先吃饱奶，稍微清醒一小会儿，在下一个周期多补一些觉。

误区4

——婴儿自己知道自己该什么时间睡、什么时间吃

真相：新生儿出生后，生物节律还没建立起来，很容易出现作息紊乱。对于什么时候该睡觉、什么时候该吃饭，他会根据父母的行为做出回应，并形成自己的习惯。当你的行为随意而无规律，孩子也会如此；当你的行为是有节奏、有规律的，你的孩子的作息也会相对稳定下来。

你的行为直接决定了孩子的作息是规律的还是混乱的。父母在初期帮孩子建立良好作息习惯时，引导非常重要。所以在开始规律作息时，应该由你在观察孩子的需求规律后，根据引导计划，决定孩子什么时候吃、什么时候睡。等到孩子的生物钟稳定下来后，你会发现他此时真正知道什么时间睡、什么时间吃对他自己最舒服，

这时放手，让孩子来引导你即可。

这就是睡眠引导中的“先加法后减法”原则：睡眠引导初期，需要给孩子加入良好的睡眠习惯；睡眠引导后期，顺应孩子的需求，减少父母的干预。

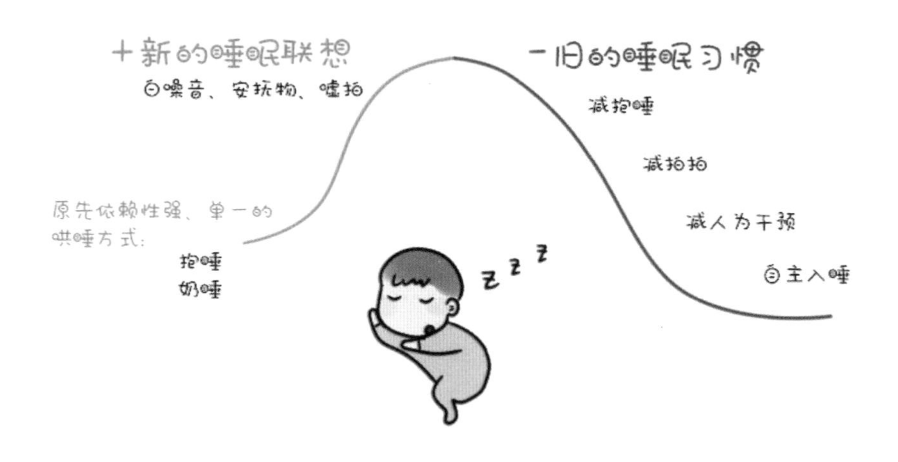

误区5

我的孩子是“高需求宝宝”，我能做的只有他哭了就赶紧满足他的需求

真相：一旦给孩子贴上“高需求宝宝”这个标签，父母就会在心里暗示自己：孩子哭闹不是我的问题，而是他自己需求高，既然不是我的问题，我也无须做什么改变，只需要被孩子牵着走就行。随后，你将像个灭火队队员，每天忙着应付孩子的哭闹，却懒于思考他哭闹背后的真实原因，还会安慰自己是在满足孩子的高需求。

这样的标签像是在欺负婴儿不会说话，也让父母学会自欺欺人。

不可否认，不同婴儿性格差异很大，有适应能力强的，也有适应能力弱的；有脾气好的，也有脾气倔的。你需要去观察、分析自己的孩子是哪种类型，并且根据他的类型，调整自己的育儿风格。

但是不管孩子是什么类型的宝宝，他们都需要规律的作息和良好的睡眠，他的需求都是合理的，家长应该学习如何去判断他的需求并且准确满足他的需求。当他作息稳定、睡眠充足时，你根本无须等到他哭才想起满足他的需求。

因此，所谓“高需求宝宝”，实质是父母自己没有了解孩子的真实需求、性格特征和成长规律，引导方式方法有误。孩子已经在反复表达不满了，你却没有准确接收、翻译孩子的信息，让家庭陷入失控状态。为了寻求自我的心理安慰，把锅甩在孩子身上，贴上“高需求宝宝”的标签。换位思考一下，随便给孩子贴“高需求”的标签，就如同当你自己被误解很委屈时，有人不仅不理解你的心情，还指着你的鼻子说“你太矫情了”一样，让人更加委屈。

误区6

我希望孩子能从晚上9点睡到早晨9点，中间不醒来吃奶

真相：一般来说，婴儿到16周大时，有能力在晚上连续睡眠6小时，同时白天睡眠是很规律的小睡。

所以，孩子如果在16周以后，夜间入睡第一觉能连续睡满6小时，你就该拍手鼓掌感到欣慰。当然，有很多一出生父母就培养规律作息的孩子可以在2个月时就达到这个水平，甚至远高于这个水平，这都是父母认真观察、引导的功劳。但是不要因此把期望值调到“晚9早9”，这只会让你平添焦虑。

一个“睡渣”宝宝的蜕变史

我是一个睡渣宝宝的妈妈，曾经我认为宝宝“自己睡觉”就是神话。即使看了很多经验帖，也觉得那是她们运气好，没遇上“睡渣”。

但是现在我要说：

从奶睡到自主入睡，我经历了四步：

其间，我还遇到了接觉和夜醒的难题。

30分钟魔咒

夜醒

戒奶睡

刚开始宝宝能奶睡还挺幸福的，起码吃完奶就睡，不用哄睡呀！

但是，慢慢不对劲儿了。

宝宝总是吃两口睡一会儿，然后哭着醒来，我只能靠喂奶止哭。
宝宝全天都在“吃一睡一哭”，24小时挂在我身上，我也很崩溃！

这时我才知道自己掉进了“大坑”！

痛定思痛，我决定戒奶睡。戒奶睡第一步：规律喂养！

规律喂养第一件事：

切割吃睡联系。

规律喂养第二件事：

每次喂奶都喂充分。

根据尊重式育儿，宝宝养成新习惯需要循序渐进的适应期。
我采用了抱睡过渡的方式，先把作息稳定下来。

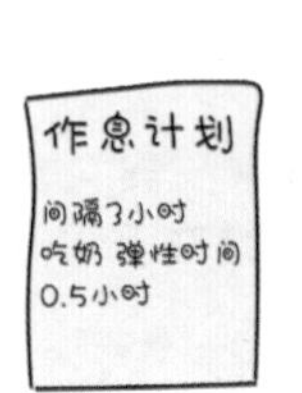

作息稳定后，宝宝体内的生物钟就发挥作用了！

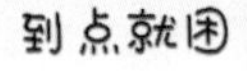

睡眠信号很好捕捉

需求判断也准确

生物钟内力+妈妈引导外力=哄睡难度降低！

戒抱睡

家有重量级选手，长期抱睡对我的胳膊非常不友好！
每天抱着宝宝睡觉，如同抱着一颗炸弹。

惊弓之鸟

为了拯救我的胳膊和孩子的睡眠质量，我开始缩短抱哄的时间。

1.5小时
小睡全程

40分钟
抱至深睡眠

10分钟
抱到睡着

5分钟
抱到迷糊

防止落地哭的4个技巧

1.隔一层被子抱着。

温度一致，
保证宝宝睡眠环境不会突变。

2.放下速度要慢。

太快了会有失重感，
像坐海盗船一样刺激。

3.屁股先挨床，最后放头，不急于抽手。

4.慢慢过渡到躺在床上搂抱。

用枕头顶住
孩子的后背。

改床哄

随着我对睡眠信号捕捉得越来越准，宝宝已经可以接受在床上嘘拍入睡。当然，刚开始拍还需要30分钟上下，但是没几次就越来越短了。

这时我才理解：　　其实不是孩子依赖抱睡奶睡，
而是我们父母依赖抱睡和奶睡这两种方式。

哄睡关键点：　　保持情绪平稳，转移注意力！

哄睡难度低

哄睡难度高

自从领悟到这一点，哄睡进入到前所未有的新阶段！
我会利用一些能吸引他注意力的玩具哄睡：

宝宝每次睡前有点儿烦躁，我都会用这几种方法吸引他的注意力，让他平静下来。

有一天，
我打开声光玩具，塞上奶嘴，
突然觉得尿急。

等我从厕所回来……

自从他有了这次的良好表现，我开始有自信了！
我会在抓住孩子睡眠信号后，把他放到床上，给他机会自己搞定自己。

宝宝也超棒！仿佛听懂了我的鼓励，自主入睡开始变为常态！

“自主入睡”不是神话！

30分钟魔咒

除了哄睡，让我颇费苦心的还有接觉。

每次小睡30分钟必醒，醒来就哭唧唧，明显没睡够。难道他上了闹铃？

刚开始，我很焦虑，掐着点提前蹲守，接不上就很自责。

后来在妈妈群聊天交流我学会了“佛系接觉”。

接觉当然坚持接，但是如果实在接不上，那就玩呗！

重新关注睡眠信号，重新哄睡，吃—玩—睡变形成

吃—玩—睡—玩—睡。

即使这次睡得少了，下次可以多补一些嘛！

“佛系”后，反而接觉成功率高了。

难道宝宝感知到我的情绪了？

夜醒

对于夜醒其实我做得不多，3个基本原则：

1.真的饿了：喂！喂够！

2.哼哼唧唧：不急于干预，观察一会儿，给他机会自己搞定自己！

3.哭着醒来确定不饿：排查原因，用别的方式哄睡。

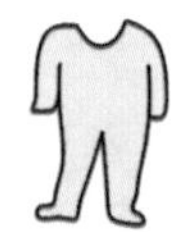

随着白天喂奶间隔延长到4小时，一天晚上，他竟然睡了8小时！

对了，还要补充一点：

睡眠倒退

规律作息后的生活实在太轻松了，这让我放松了警惕。

到宝宝7个月的时候，突然又开始夜醒频繁，经常半夜起来“蹦迪”！

夜觉哄睡也变难了，总是哄1个多小时才入睡。

于是我开始复盘调整：

1.并觉，控制白天睡眠时间。

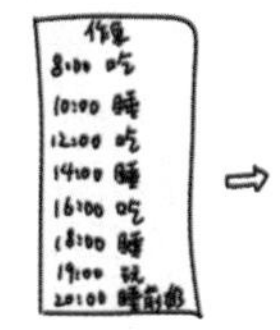

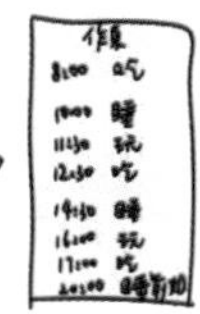

2.扩大活动区域，充分“放电”。

规律作息这件事，

需要根据孩子的成长变化长期引导。

给“睡渣”宝宝一个机会，

他会还给你一个惊喜！

第6章 不同月龄宝宝的作息要点

从孩子出生后7～15天就可以开始进行规律作息了。

不管什么时间开始规律作息都不算晚，即使孩子到了3岁以后甚至已经上学，有意识地帮孩子引导稳定的生活作息也是非常必要的。

孩子在不同月龄的成长特征有所不同，我们在培养孩子规律作息时，还需考虑孩子目前所处月龄阶段的特征。

本章将详细讲解不同月龄开展规律作息的难点和要点。

0～2月龄宝宝的参考作息和要点

0～2月龄是规律作息建立的黄金时期，此时很多不良的习惯尚未养成，家长应从孩子出生开始就有意识地观察、记录，并且提前规划。

难点

这一阶段可能你会发现孩子清醒的时间非常短，吃奶的效率低、时间长，对于孩子来说吃奶是一件很费劲的事情，很难做到真正的"吃—玩—睡"。因此，这一阶段的难点在于如何防止孩子边吃边睡。

很多大人会觉得此阶段的孩子还小，醒来就该一直抱着。但是，如果将孩子全天抱着，很容易错过孩子的睡眠信号，孩子也没有自己的时间去玩耍"放电"，"电量"未耗尽，导致白天难以入睡，睡眠量不足，过度疲倦，引发哄睡困难、黄昏闹、夜醒频繁等问题。

要点

1. 尽量让孩子每次吃奶都吃得充分。但是吃充分不代表吃1个多小时。要提高吃奶效率，尽量在半小时内结束喂奶。喂母乳的妈妈注意保证一定时长的有效吮吸。

2. 尽量不要掉进抱睡、奶睡的“大坑”，如果可以，从孩子出生起就养成在床上入睡的好习惯。

3. 不要让白天小睡的时间过长，如果超过了2.5～3小时，可以主动将孩子唤醒，过长的白天小睡容易引起昼夜颠倒。

4. 每天都要保证孩子的“放电量”，不要全天抱着，完全不给孩子自己玩的机会。0～2月龄的孩子要保证每日一定量的趴卧练习、健身毯蹬腿运动，这些都是比较好的“放电”方式。

推荐周期

这个阶段比较适合2～3小时喂一次奶的间隔。

参考作息表

以2.5小时周期为例

时间	活动
早上8：00	晨奶 洗漱、参观房间 小睡
上午10：30	喂奶 运动练习、晒太阳 小睡
中午13：00	喂奶 黑白卡视觉训练、音乐时间 小睡
下午15：30	喂奶 健身毯活动、散步 小睡

续表

时间	活动
黄昏18：00	喂奶 散步 黄昏觉
晚上20：30	睡前奶 抚触按摩 睡眠仪式、睡觉
半夜	夜奶1～3次

注意事项

1. 上表仅供参考。在给孩子制订作息表的时候，不要直接套用此表。要先观察、记录孩子的作息3～7天，之后根据孩子的自身规律和家庭的需求，制订专属的作息表。

2. 制订的作息表均为计划表。实际执行过程中，可以根据当天的情况，灵活调整。刚开始培养规律作息时，保持固定喂奶间隔即可。

3. 给孩子建立昼夜观念，稳定生物钟，通过固定睡前奶，告诉孩子“晚上来啦，该睡觉了”。只要你坚持这么做，不久就会发现，孩子养成了到点就困和到点就醒的好习惯。不管喂奶间隔如何调整，睡前奶时间都可以固定下来，如果出现调整作息后，黄昏奶时间和睡前奶时间离得比较近也不要紧，可以视为睡前密集喂养，这么做恰好可以帮助孩子夜觉的第一觉持续时间更长。

4. 0～2月龄计划表变化很快，间隔从2小时过渡到2.5小时，再到3小时甚至3.5小时都在一个多月内完成。原因在于这两个月孩子猛长期频繁，每次猛长期过后，孩子的单次清醒时长和小睡时长都会变长一点儿，同时吃奶效率提升，消化周期也在稳步延长，“吃—玩—睡”的周期会因此延长。所以这两个月请保持每日作息记录，随时观察孩子的状态，如果孩子频繁出现到点不太饿的情况，及时延长喂奶间隔，改用更长的作息周期。

5. 如果孩子无法在周期内做到标准的“吃—玩—睡”，可以变形为“吃—玩—睡—玩”或者“吃—玩—睡—玩—睡”等。只需保证孩子没有边吃边睡、奶睡、点心奶即可。每次吃奶吃充足，哪怕吃完奶只清醒几分钟都是可以的。不需要执着于每次小睡时长都很均匀。只要孩子每天的睡眠总量达标，精神状态良好就算规律作息见到成效。

6. 此阶段，如果白天使用2～3小时喂奶间隔，那么第一段夜觉应该可以持续3～5小时，后面几次睡眠也可持续2～4小时。夜奶应满足以下要求。

- 满月以后的宝宝不需要主动唤醒吃奶，只需要等宝宝饿醒再喂。
- 每次夜奶需要保证喂充分。
- 如果已经做到每顿夜奶充分，但孩子夜醒间隔低于白天喂奶间隔，则需要考虑醒来的原因，判断孩子到底是真饿醒了还是有别的原因。
- 如果是真饿了，可以直接喂奶；如果不是真的饿了，用除了吃奶以外的其他方式安抚孩子情绪后哄睡。长期出现这种夜醒情况，根据睡眠问题排查表分析到底是什么原因，并且尽早解决问题。

阶段目标

初级目标：固定喂奶间隔，切割吃和睡的联系。

中级目标：不需要等到孩子哭，即可判断孩子真实需求，及时满足孩子需求；夜奶控制在1～3次。

高级目标：可以做到床上哄睡，并且尝试接觉。

亲子游戏推荐

听觉：给孩子唱一些韵律感强的儿歌；给孩子听一些简单、轻松的音乐；用简短、带有升调的词语和孩子讲话，轻轻地唤他的名字。

触觉：通过抱抱、按摩、抚触等，与孩子来一些亲密的肌肤接触。

视觉：把黑白卡放在离孩子15～20厘米的位置，通过黑白卡左右移动吸引孩子目光；用夸张的口型、表情、动作与孩子互动。

运动发展：孩子满月后，可以给孩子玩带有音乐键、悬挂小玩具和镜子的健身毯；每天进行5～15分钟的趴卧训练。

日常照料：在给孩子洗澡、抚触、换尿不湿等日常照料时，记得向孩子介绍你接下来的动作，放慢节奏，观察他的回应。

3～5月龄宝宝的参考作息和要点

如果孩子在3～5个月才开始进行规律作息，此时可能已经积攒了一些喂养和睡眠问题，建议先规律喂养，等到日常作息稳定后再通过适量的睡眠引导解决睡眠问题。

难点

因为孩子睡眠能力还未发展完善，难点主要在于小睡时间过短，“30分钟魔咒”频现。并且此时孩子的精力越来越旺盛，很多爸爸妈妈还以2月龄的作息来安排孩子的日常，缺乏高质量“放电”会导致孩子在进食、睡眠上出现问题。

要点

1. 先培养规律作息，等作息稳定后再考虑睡眠引导。

2. 如果孩子小睡很短，可以尝试接觉，但是也不要让孩子睡的时间过长，尤其是下午的黄昏觉，否则会直接影响夜觉。

3. 尽量固定晨奶和睡前奶的时间，稳定孩子的生物钟。

4. 注意在孩子清醒时多“放电”，多进行一些消耗体力的运动。

推荐周期

这一阶段已经可以使用3～4小时的喂奶间隔。

参考作息表

以3.5小时周期为例

时间	活动
早上8：00	晨奶 排气操 小睡
中午11：30	喂奶 运动训练 小睡
下午15：00	喂奶 音乐时间 小睡
黄昏18：30	喂奶 散步 黄昏觉（较短）
晚上20：30	睡前奶 抚触按摩 睡眠仪式、睡觉
半夜	夜奶0～2次

注意事项

1. 从2～2.5小时喂奶间隔延长至3～4小时喂奶间隔时，可以采取循序渐进的方法，即每天延长5分钟，一点儿一点儿过渡。也可以顺应孩子自身规律，如果发现有的时候孩子到了奶点不是特别饿，吃奶不太专心，就可以尝试顺势延长喂奶间隔。

2. 晨奶固定在孩子完全清醒进入白天状态的时间段。很多妈妈都咨询，孩子早晨5～6点会起来喝奶，但喝完又睡了，无法进入“吃—玩—睡”周期。其实5～6点这顿奶可以算作夜奶，只要吃完不哭闹，可以把床铃打开让他安静地自己玩一会儿，他可能会自己睡个回笼觉，将回笼觉醒来后的那顿奶固定为晨奶会相对容易一些。

3. 对于小睡短、很难接觉的情况，不用强求每次小睡时长必须一致，如果在某一觉很难接，孩子可能会在其他小睡时睡的时间更长一些。父母只需要坚持尝试接觉即可。单次小睡不要超过2.5～3小时，如果超过可以唤醒。关注孩子的全天睡眠总量，只要他精神状态好、全天睡眠总量充足、昼夜分明、白天小睡和夜觉时间分配合理即可视为睡眠充足。

4. 黄昏觉可以不接觉，控制在0.5～1小时内，不要睡得过长、过晚，醒来后在夜觉前充分“放电”，有助于夜间的睡眠。

5. 对于这一阶段的孩子，父母可以尝试把作息的弹性一点点缩小，让规律作息更稳定，奶点、睡点基本可以趋于稳定，这样睡眠引导会更容易一些。

6. 在此阶段，孩子可能会出现厌奶，不用追着喂奶，保持现有喂奶间隔，找一个安静无干扰的环境或者适当延长喂奶间隔，可以帮助孩子更专心地吃奶，顺利度过厌奶期。

厌奶期奶量减少不代表孩子没吃饱，因为前3个月孩子在快速成长，身高、体重都会发生巨大变化，需奶量也很大。到了3个月，孩子的成长速度变慢，实际需奶量出现明显减少也很正常，体重等指标可能会出现一段时间的停滞或缓慢增长，只要孩子的体重在成长曲线的正常范围内，就无须过度担心。

7. 此阶段，如果白天使用3～4小时喂奶间隔，那么睡前奶到第一顿夜奶之间的睡眠应该可以持续4～8小时，后面几次睡眠也可持续3～4小时。有些前期引导得好的孩子，在这一阶段，可能不需要父母做什么，就会自发断夜奶。如果孩子仍然醒来吃1～2次夜奶，也很正常，不必焦虑，只需确定孩子真的饿了，且喂奶充分即可。

8. 这一阶段如果孩子还在抱睡，则需要开始尝试改为在床上哄睡了。否则随着孩子体重的增长，在怀里睡觉会导致孩子的睡眠质量越来越差，对于大人而言也会越来越疲惫。

9. 对于已经可以在床上哄睡的孩子，父母可以慢慢减少干预，给孩子自主入睡的机会。有很多妈妈发现自己的孩子第一次自主入睡都是在无意间，自己忙着另一件事没来得及顾上孩子，等回来一看，孩子已经睡着了。夜间如果孩子只是小声哼唧、哭一哭、扭一扭，不要急于干预，以免养成习惯性夜醒，家长要给孩子自己接觉的机会。

10. 对于父母哄睡依赖程度还较高的孩子，可以尝试提前介入式接觉，对于已经可以自主入睡的孩子，可以尝试减少干预让孩子自己接觉。

阶段目标

初级目标：对于这一阶段开始规律作息的孩子，可以达到晨奶、睡前奶相对固定。白天“吃—玩—睡”或适当变形的作息也较稳定。

中级目标：夜奶控制在0～2次，尝试在床上哄睡，努力接觉。

高级目标：可以做到自主入睡，夜间第一觉可达到6小时及以上。

亲子游戏推荐

听觉：给孩子摇铃等有声玩具让他试着抓握听声音；给孩子听一些有节奏感的音乐；多用一些简短的语句与孩子交流。

触觉：给孩子一些不同质感的玩具，让他抓握。

视觉：给孩子看一些简单的彩色卡片。

运动发展：继续玩健身毯；拉坐训练、趴卧训练、翻身训练；做被动操。

独自玩耍：给孩子提供一些玩具和安全的场所，安静陪在一旁，让他独立探索。

外出散步：天气好时多带孩子出门散散步。

6～10月龄宝宝的参考作息和要点

如果孩子开始规律作息的时间较晚，比如6～10个月，也不用紧张。先静下心来理顺作息，再分析问题，各个攻破。

难点

孩子的一些习惯已经根深蒂固了，有的妈妈在这个时候会非常焦虑，想直接使用最严苛的睡眠训练。我不推荐这种做法。

对于大月龄宝宝的爸爸妈妈，与其改变孩子的习惯，不如先扭转自己的观念。当你能深入了解规律作息对孩子有长远的好处，你才能下定决心进行改变。

此时孩子基本都添加辅食了，谨记不要把辅食加在两顿奶中间。有很多添加辅食前规律作息已经做得很好、可以睡整觉、自主入睡的孩子，在添加辅食后，因为妈妈将辅食添加在两顿奶之间，把本来比较稳固的消化周期强行压缩，孩子不仅每顿都不好好进食，而且会出现严重的睡眠倒退、夜醒频繁。

至于每顿辅食和奶的顺序，可以根据孩子的需求来。如果希望孩子多喝奶，可以采用先奶后辅食，或者一口奶一口辅食。如果希望孩子多吃点儿辅食，可以采取先辅食后奶。添加辅食不用过于教条，一切以激发孩子进食兴趣为主。

要点

1. 先进行规律作息，把晨奶和进食间隔固定下来。

2. 进食间隔达到4小时以上后，把睡觉的生物钟固定下来，让他到点就困。有生物钟的内部帮助，此时再去改变哄睡方式就会容易很多。

3. 如果孩子夜间睡眠存在很多问题，不要急着一下子从夜间入手，可以先从白天的作息调整入手：拉长进食间隔、改变白天的哄睡方式。当白天的状态稳定下来，夜间的问题也会相应减少，留存问题也更容易判定原因。

4. 将辅食与奶安排在同一顿吃，每日四餐（早餐、午餐、下午茶、晚餐），进食间隔为4小时，已经可以满足这个阶段孩子的需求，同时能养成良好的进食习惯。可以在午餐、晚餐添加米粉、菜泥等，在下午茶中添加果泥。

5. 夜觉入睡时间如果安排在晚上7点前后，可能会出现睡眠倒退，因为孩子的精力越来越旺盛，7点入睡对于这个阶段的孩子来说太早了。

这样做会出现两种情况：哄睡很难，孩子很抗拒；哄睡不难，孩子在凌晨醒来难以再次入睡，或经常半夜醒来哭闹、玩耍1小时以上才能再次入睡。这就是夜觉入睡过早，且白天“放电”不充分的结果。尽量安排孩子夜觉入睡时间为晚上8～9点前后。

推荐周期

这一阶段可以使用4～5小时进食间隔，让孩子的吃饭时间向家庭吃饭时间靠拢，最终合并。

参考作息表

以5小时周期为例

时间	活动
早上8：00	晨奶 洗漱、听音乐、游戏
	小睡
中午13：00	喂奶 独自玩耍 小睡
下午18：00	喂奶 散步、运动训练
晚上20：30	睡前奶 睡眠仪式、睡觉
半夜	夜奶0～1次

注意事项

1. 过了6个月，孩子的精力越来越旺盛，需要的睡眠量减少，如果在前几个月已经做了规律作息和睡眠引导，此阶段的睡眠问题一般是常见的睡眠倒退期问题。如果你之前还没有意识到作息紊乱带来的不良习惯，那么这个阶段就是问题越来越凸显的时期。

2. 出现睡眠倒退后，父母应该把重点放在并觉和充分“放电”上。以前的3觉可以并成2觉，并且注意扩展孩子的活动区域，设置“耗电量”大的活动，让孩子充分地运动消耗。

3. 对于刚刚开始培养规律作息的孩子，先用1～2周把孩子作息理顺，再根据现有睡眠问题，各个击破，摒弃旧习惯，建立新习惯，大概可以在2～4周解决大部分问题。

4. 不管孩子处于哪个阶段，这个时期都要重视高质量陪伴和独自玩耍并重的游戏时间。6个月是孩子依恋关系建立的敏感期，请重点阅读第5章的相关内容，学习尊重式育儿。

5. 由于进食间隔较长，作息也变得相对简单许多，此时应该重点固定每项活动的时间点，将弹性控制在较小的范围。辅食和奶安排在同一时间进行，均属于进食时间。睡眠时间不再是每个周期都会出现，可以安排固定上午一觉、下午一觉，睡觉时间与进食时间区分开即可。

6. 此阶段，如果白天使用4～5小时进食间隔，那么夜间孩子已经完全没有必要再吃夜奶。此时夜醒多为寻求安抚的习惯性夜醒或身体不适的突发性夜醒，也有可能是孩子习惯吃夜宵，即把全天进食量集中在夜间，白天不好好吃饭。需要判断孩子是不是真的饿了，还是其他原因，对于习惯性夜醒应该在此阶段纠正。如果孩子真的在夜间饿醒，则需要考虑白天进食量是否足够，增加白天进食量。

阶段目标

初级目标：作息稳定，睡眠充足。

中级目标：自主入睡，断夜奶。

高级目标：建立安全型依恋关系，可以独自玩耍，自主进食。

亲子游戏推荐

感统发展游戏：给孩子提供丰富的感官体验（触觉、味觉、听觉、视觉、嗅觉），父母用词语描述感觉，比如柔软、坚硬、毛茸茸、冰冷、温暖、甜的、酸的、黄色、蓝色等；多带孩子去户外公园散步，亲近大自然。

运动类游戏：可以与孩子做一些有互动的肢体接触的游戏，比如和父母一起做一些简单的瑜伽动作。在孩子活动区域设置高和低、干和湿、软和硬、喧嚣和安静等有对比的区域。将环境中危险因素排除后，设置一些简单的小障碍，鼓励孩子独立探索，自由爬行。

认知类游戏：给孩子提供一块安全的镜子，让孩子认识自己；给孩子讲一些有重复的节奏感、内容简单的小故事，表情和肢体动作可以夸张一些；藏猫猫、藏物品等学习"客体永久性"的游戏。

11 月龄以上宝宝的参考作息和要点

此阶段很多孩子在白天只需要睡一个午觉，如果孩子的作息仍然混乱，睡眠情况糟糕，则必须引起父母足够的重视。

难点

此阶段如果还存在很多睡眠问题，那么就需要家长帮孩子把坏习惯掰正过来。对于11个月以上还存在需要抱哄、奶睡或者夜醒特别频繁的孩子，纠正难度升级，需要家长有强大的决心。

要点

1. 一定要明白孩子是可以在床上睡觉的，如果你认为不抱他、不给他喂奶，他就不睡，这只是你的想法。孩子是完全可以做到在床上入睡的，并且终归是要在床上睡的。在成长发育关键时期，睡眠质量是至关重要的，如果你之前一直不把睡眠问题当回事儿，这时应该提高警惕了。

2. 这一阶段的孩子如果还是频繁夜醒，那么很可能是因为他已经养成了习惯性夜醒。习惯性夜醒的纠正其实很简单，就是要确认每一次孩子醒来是不是真的饿了，如果他不是真的饿了，那么千万不要用喂奶的方式安抚哄睡。一般来说，孩子过了6个月后有睡整觉的能力。而如果到了11个月以上，他还是会因为饿而起来吃奶，那么这种“夜宵奶”对他来说已经成为负担，是一种睡眠障碍，你需要考虑停止夜间喂奶。

3. 此时已经可以给孩子引入手指食物，培养自主进食了。辅食也要开始加量，慢慢变成主食。

推荐周期

这一阶段，孩子的吃饭时间可以与家庭其他成员的吃饭时间合并，每天三顿饭和一顿睡前奶即可。

参考作息表

参考作息表

时间	活动
早上8：00	早饭
中午12：00	午饭、午觉
下午18：00	晚饭
晚上21：30	睡前奶、睡眠仪式、睡觉

注意事项

1. 孩子的精力越来越旺盛，此时可以将之前的2觉并为1觉，且控制这1觉的时长，过长时间的午觉，会影响孩子晚上的睡眠。

2. 充分“放电”是这一阶段的重点。要对家里孩子的活动区域做一个新的规划，给孩子安全、充足的活动空间，并且设置一些需要消耗大量体力的游戏。

3. 这一阶段开始，孩子的作息和家庭作息并轨，父母应该做到以身作则，和孩子一起养成良好的作息。

阶段目标

初级目标：作息稳定，睡眠充足。

中级目标：充分“放电”，早睡早起。

高级目标：理解孩子认知发展，重视陪伴质量。

亲子游戏推荐

认知感官类游戏：提供丰富感官刺激的游戏，比如玩沙子、玩水等；一些声光类智能游戏。

追逐打闹类游戏：父母和孩子玩一些肢体互动游戏；安全有趣的幼儿游乐场。

逻辑思维游戏：给孩子一些不同形状、颜色的积木，让他学习分类组合。

假想游戏：给孩子提供一些过家家的道具，比如仿真食物玩具、餐具玩具、电话玩具等。

我的28天规律作息心路历程

浩浩

2个月时

奶睡、夜醒频繁、不明缘由大哭。

3个月时

自主入睡，夜奶1次、全天乐呵呵。

1个月前，浩浩总是哭哭啼啼，我们全家都很焦虑，每次只能靠喂奶止哭。我根本不相信他也能变成一个"天使宝宝"。

现在我和他建立起了默契，只需他一个眼神或表情我就知道他想要什么，完全不需要等他哭。

今天聊聊我的28天蜕变之旅。

浩浩妈妈

孩子2个月前，
全家都浸泡在浩浩的哭声里。

我看了很多与睡眠相关的文章和书籍，
一直不得要领，孩子哭闹反而更多了！

直到我看到一妈的文章：

怀着忐忑的心联系了一妈，问了一个现在看起来超级傻的问题：

没想到，一妈竟然回复我了：

于是，把宝宝全权托付给老公2天。

休息好后，一妈给了我一份28天计划并邀请我进入天使成长计划，让我与大家讨论。

28天计划
D1-D3 ——
D4-D5 ——
D6-D7 ——
D8-D12 ——
D13-D14 ——
D15-D18 ——

三个基本原则

·尊重孩子的需求规律。

·仔细观察，认真分析，灵活调整。

·全家保持一致性。

第1~3天 记录

第4~6天 分析

问题分析:
- 消化周期太短、夜觉被饥饿不停地打断。
- 点心奶、边吃边睡。
- 过度喂养、胀气。
- 白天睡眠量不足,出现"黄昏闹"。
- 作息紊乱,每次哭都只会喂奶解决。

解决方法:
- 制订作息计划表。
- 固定喂奶间隔,稳定消化周期。
- 切割吃奶和睡觉的联系。
- 保证睡眠充足。

第7~8天 制订作息表,全家开会

将计划和原则写在白板上,放在家里最显眼的位置。

第9~11天 规律作息初见成效

第一步：固定白天喂奶间隔。

·挠挠耳根、脚心、手心。
·摸摸脸颊，轻轻唤醒。
·换边喂奶。
·用湿巾擦耳朵外廓。
·换尿不湿。
·放些吵闹的声音。
·利用声光玩具。
·换衣服。

第二步：打通作息！

逐层减少过度干预级别

·先打通作息，用保证孩子睡眠时长的方式哄睡（除了奶睡）。
·等作息稳定，再去改哄睡方式。

第12天 作息稳定，下一阶段目标设定

经过3天的调整，浩浩已经可以做到：

·相对稳定的间隔喂奶。
·吃完玩一会儿再睡。
·夜奶从之前的五六次减少为三次。

回答了中期问卷，观察、分析出3个问题：

问题1：需要抱哄。
目标：改为床哄。
计划：引入新的安抚方式，戒掉旧的安抚方式。

问题2：小睡短。
目标：延长小睡时长。
计划：尝试接觉。

问题3：夜奶减少。
目标：从3次减为2次。
计划：延长喂奶间隔。

第13~15天 床哄没那么难

床哄实在太可怕了！
我真的不敢让孩子在床上睡！

鼓起勇气

作息规律后，
我观察到浩浩清醒时长也有规律：

一般从醒来吃奶开始算起，
·玩到1小时就开始眼神发直（放床上）。
·再玩5分钟就开始打哈欠（睡眠信号）。
·再过5分钟就困过头，开始哭闹了（晚了）。

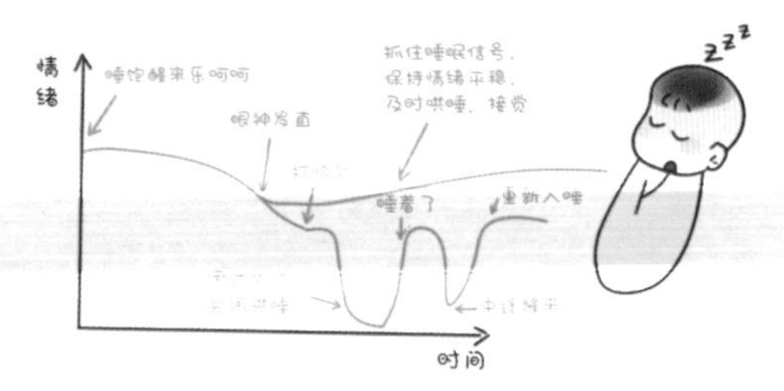

当我笃定孩子必须在床上入睡时，
好像戒抱睡并没有我想象的那么难！

难怪一妈说：
“没有不能在床上睡觉的孩子，
只有不想让孩子睡在床上的家长！”

哄睡原理很简单，两个要点：

保持情绪平稳，转移注意力。

第16~19天 自主入睡

喂奶间隔逐渐延长到了3.5小时，相应地，夜觉时间也拉长了，真是神奇！

经过几天床哄巩固，他已经可以在10分钟内入睡。但是我又有了新的愿望：如果浩浩可以自主入睡就太好啦！

哈哈，当妈妈的总是有点儿贪心，希望孩子能再好一点儿、更好一点儿！

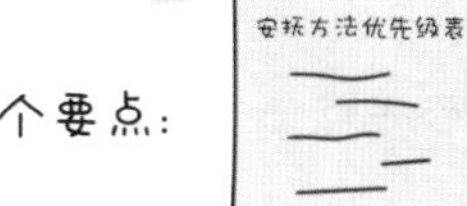

看了两篇秘籍，我总结了两个要点：

✓减少人为干预频率。

✓相信宝宝，给他机会尝试自己入睡。

其实，规律作息就是一个先加法后减法的过程！

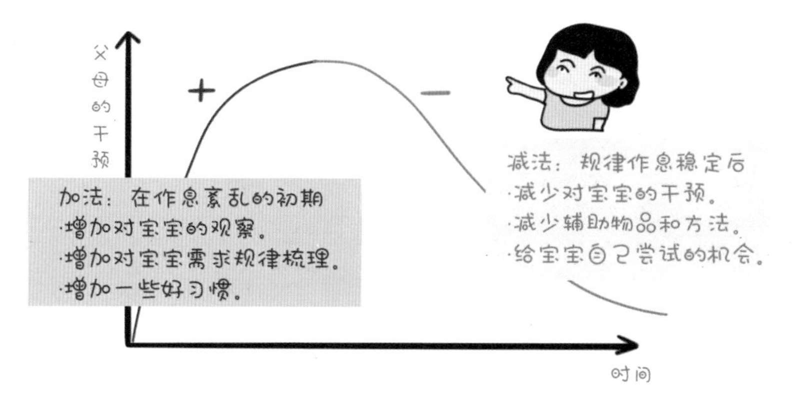

第20-25天 独立玩耍

经过几天的放手尝试，浩浩已经有一半时间可以自主入睡，连接觉也有几次成功的经历了！

现在他的作息和睡眠问题都很少了，偶有反复我也不再焦虑，冷静分析问题后解决就可以。

我开始把注意力更多集中在他清醒时间的玩耍。

独自玩耍　　和　　高质量互动

同样重要

让孩子学会独立玩耍，我是这么做的：

1.陪同玩耍，教会孩子玩他的玩具。

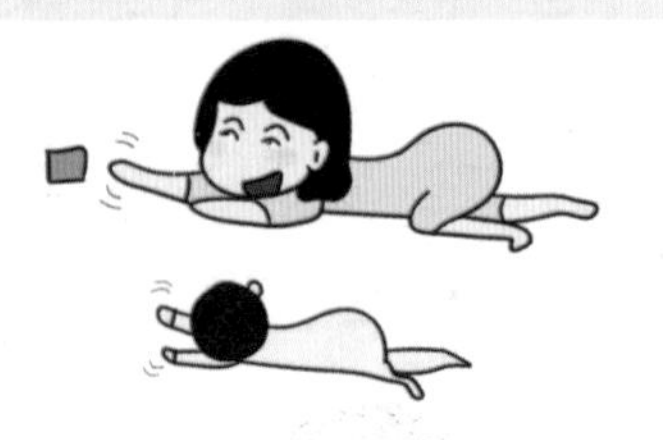

2.看着孩子玩，及时鼓励。

3.让孩子自己探索，悄悄陪伴不干预。

第26~28天 遭遇猛长期

经历了前面20多天的引导，我刚松口气，前脚在群里吹嘘了一波我家的“天使宝宝”，后脚浩浩就开始不到奶点就哭闹。

不过这次，我可不像以前那样手忙脚乱，而是淡定地拿出了睡眠问题排查表。

规律作息虽然有计划表，但还是要尊重孩子的需求。
在猛长期这几天，我就顺应孩子的需求，缩短了喂奶间隔，增加了必要的夜奶。

没几天，“天使宝宝”回归了！
遇到倒退并不可怕，可怕的是：焦虑会让我们忘记尊重式育儿！

规律作息让我学会了：

- 享受育儿生活，轻松育儿。
- 远离焦虑，冷静思考问题。
- 尊重孩子，理解孩子。
- 让孩子融入家庭。
- 与孩子建立安全型依恋关系。
- 帮孩子引导良好的习惯。
- 有属于自己的时间。

“天使妈妈”的生活管理术

当妈妈后，你会发现一天24小时根本不够用，总是像个灭火队队员一样到处灭火。我们有太多事情要去处理，也积攒了很多负面情绪无处发泄，整个生活即将进入失控的状态。

为什么会这样呢？

其实就是我们没有想到成为妈妈后，不仅要养育孩子，更要对自己的生活进行管理。

我们的情绪、时间、精力都是有限的，如果不能合理分配，就会处于一种疲于奔命的状态。

“成为妈妈”这件事向我们提出更高的要求：先成为更好的自己！

本章将介绍3种生活管理术，带你蜕变成一个可以掌控自己生活的智慧型“天使妈妈”。

你准备好了吗？

规律作息也是一种管理思维

尊重式规律作息不仅是一种对婴儿有效的养育方式，也是一种人人适用的生活哲学，能让新手妈妈科学地平衡各种角色。当真正实践了“1456尊重式育儿底层逻辑”，你会发现你更加自律、自信，生活更加有节奏感，更加有秩序感，更加有安全感。

尊重式规律作息不是简单的育儿思维，更是一种管理思维，它不仅是对作息的管理，更多的是对时间、情绪、家庭关系的管理。

我们为什么要借助规律作息把孩子的生活梳理成一个接一个周期呢？其实除了让孩子找到生物节律，还能帮助妈妈对自己的时间进行管理，梳理出属于自己的时间与空间。当孩子的作息很有规律的时候，你会发现你的作息也变得很有规律。

所以，规律作息从另一个层面来说，就是时间管理。进一步说，当你的生活井井有条，你的情绪也就可以找到合适的地方安放，所以时间管理在另一重含义上也算是一种情绪管理。

而且，很多进行过规律作息的妈妈都反馈：在没有规律作息之前，家庭成员的育儿观念不一致，家庭气氛剑拔弩张，矛盾冲突不断。而当规律作息开始见效后，全家人的观念更容易保持一致了，大家竟然可以坐在一起心平气和，甚至欢声笑语地对育儿问题进行“科学讨论”，家庭关系因为规律作息而变得融洽了。

所以在我开始向你介绍3种常用的生活管理术之前，最想让你知道的是：规律作息就是最好的时间管理术、情绪管理术、家庭关系管理术。

时间管理术

时间管理的方法众多，我在繁多的方法中挑选并改进了3种特别适合新手妈妈且简单易上手的方法，这3种方法一环套一环，可以帮你从混乱、迷茫的新手妈妈期中解放出来。

砍清单法

这个方法可以大大减少新手妈妈的工作量，同时鼓励新手爸爸参与进育儿过程。很多新手妈妈生了孩子后，发现孩子好像就成了自己一个人的，陷入“丧偶式育儿”，这一方面是爸爸偷懒不给力，但是也要想一想，是不是因为自己大包大揽得太多了？为什么一面把本该爸爸做的事都包揽在自己这里，一面吐槽、抱怨爸爸不帮忙呢？这时砍清单法就可以用上了，砍清单有以下3大原则。

- 别人更适合做的事，砍掉。
- 与别人有交集的事情，砍掉一半。
- 只有我能做的事，保留。

用我自己的清单来举例。

喂母乳　　换尿布　　抚触

喂奶粉

讲绘本　　拼图　　打闹游戏

我　　老公

喂母乳只有我能做，保留。

而老公可以喂奶粉，并且更合适（需要让他体验喂奶时与孩子的互动），砍掉。

讲绘本这件事，我比老公擅长，保留。

打闹游戏、各种运动类游戏，老公有优势，砍掉。

换尿布等日常照料，我们两个人都可以，那么就轮流来，砍掉一半。

拼图这种游戏也是如此，砍掉一半。

其实砍清单法就是“清单管理法”的升级版。当你觉得一整天的时间都不够用，每天都在忙，却不知道自己忙了些什么，并且即使如此仍有一大堆待办事项没有做时，你就可以拿出笔，来砍砍清单了。你会发现当你砍完清单后，整个人都变得清爽了。

四象限法

当你砍完清单，列出了一系列属于自己的待办事项时，不要急着行动，其实还是有很多活动可以删除或者推后的，永远不要把自己的计划排得太满，否则只会让你收获完不成的挫败感。我们做时间管理的终极目标，不仅仅是将时间分配，将待办事项列出来，而是要让生活既高效又轻松，从时间管理的过程中获得一份好心情。因此，可以对刚才得出的清单做二次筛选，进一步简化待办事项清单。这就要用到四象限法了。

四象限法就是将事情按照紧急程度和重要程度划分为四类，并依次排出优先级。

用我自己的清单为例。

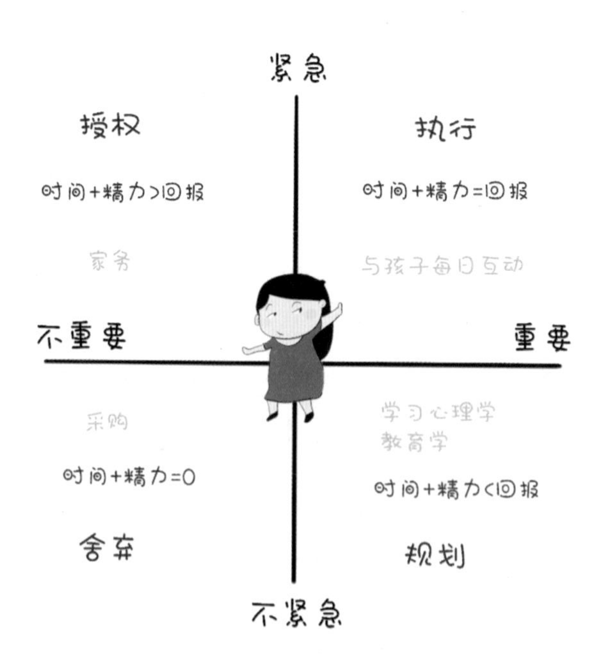

● 重要且紧急：执行

对于我而言，每天最关注的是与孩子的互动交流，这件事每天都需要做，算是长期紧急状态，并且非常重要，必须自己亲自去做，所以排第一位。

● 不重要却紧急：授权

我觉得家务就属于不重要但是比较紧急的，比如家里几天不打扫就会很脏、很乱，非常影响生活质量。但这件事的重要性并不大，那么我需要做的是将这件事拆解授权。

可以授权给电动拖把、扫地机器人、洗碗机这种高科技智能家电，也可以找小时工、清洁工代劳，或者拆解成几份，家里每个成员都承担一份。

● 重要但不紧急：规划

对于孩子的规律作息和习惯养成，应该属于长期潜移默化的事情，很重要，需要提前了解孩子不同阶段心理发展，提前做出预判和计划，再一点儿一点儿在小事中去渗透。

所以要提前规划，比如孩子1岁的时候就需要提前学习2岁、3岁孩子的心理发展相关知识。但是这件事并不是那么紧急，可以在空余时间进行。

● 不重要也不紧急：舍弃

我在结婚前喜欢逛街，觉得这是打发时间的娱乐活动，但是生完孩子后，真的没有多余的时间去逛超市、逛商场。所以现在舍弃外出采购，选择网上采购，多出来的时间可以多多读书，抓紧学习。

有时有些事难以判断轻重缓急程度，我会问自己下面四个问题。

- 如果不做这件事会发生什么？
- 现在是不是做这件事最合适的时间？晚一点儿可不可以？
- 马上要做的这件事情，需要哪些前提条件？这些前提条件都达到了吗？
- 有没有比我更适合做这件事的人？

回答完这些问题后，我就可以知道这件事属于哪个象限了。

经过“砍清单法”和“四象限法”的双重筛选排序，我的待办清单就已经完成了，只要我能完成当天紧急且重要的事项，这一天就是成功的，我的心情会特别好，还会奖励自己放松一下。

拿着这份待办清单，来到了实际执行环节，妈妈们可能会发现：一整天总是不停地有零碎的事情把你的时间切割成碎片，这就要想办法有效地利用碎片时间来完成当日的清单，可以用到下面这个方法。

番茄工作法

番茄工作法是由意大利人弗朗西斯科·西里洛于1992年创立。他的核心思想是一次只做一件事。比如每工作25分钟，休息5分钟，依次循环。新手妈妈在使用番茄工作法时灵活一些，不用必须遵从“25—5—25—5”这种分配，而是根据待办事项的类型和所需时长进行灵活、机动的组合搭配，即按照“整块时间—碎片时间—整块时间—碎片时间”的思路来分配。

用我自己的清单来举例。

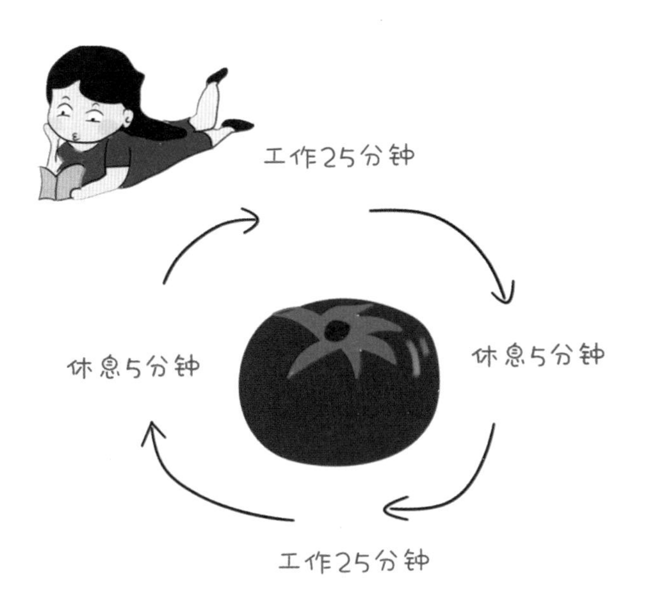

比如，我会评估待办清单中的事项，哪些需要集中注意力的大块时间才能搞定，哪些是用碎片时间就能解决的，然后灵活、机动地根据我自己的需求安排番茄钟的搭配。

高质量互动陪伴、读书学习、写文章、画画，这些是需要大块时间的，我会结合宝宝的作息计划，将这些事情安排在相应的时间模块里。

比如我会在宝宝早晨的第一个周期的清醒时间收起手机，安排25分钟的高质量陪伴，之后会让宝宝自主探索、玩耍10分钟，这10分钟我会处理一下手机上的碎片信息。

我会在宝宝小睡时安排整段时间的读书、写文章、画画，而当宝宝醒来后安排喂奶、换纸尿裤、洗澡、家务等琐碎事项。

当我这样给自己设定好时间后，我发现我的时间变得有节奏了，一张一弛，每一件事都没有那么累，而且比较专注，做得比较快。到了晚上，回看这一天完成的事情，真的是又高效又轻松，收获满满！

对，聪明的你一定发现了，番茄工作法其实是与孩子的规律作息计划紧密相关的。你只有先预知了孩子当天的作息安排，才有可能合理安排自己的时间，找到什么是整块时间事项，什么是碎片时间事项。

情绪管理术

“焦虑”是妈妈的生活中最常见的一个词，我也不例外，自从成为妈妈，我就掉入了焦虑的怪圈。

- 怀孕时，我会焦虑自己的孩子会不会畸形，会不会有病，为此经常做噩梦。

- 孩子出生了，我会焦虑孩子有没有吃饱，有没有睡够，到底为什么又哭了。

- 孩子2岁了，孩子在法国双语的环境下，出现了语言迟缓，迟迟不张口说话，我又开始坐卧不安，害怕孩子有语言障碍。

- 孩子该上幼儿园了，我又开始焦虑她能不能融入集体，会不会被别的孩子排斥。

- 孩子马上4岁，我又被各种兴趣班、启蒙、早教等概念洗脑，生怕错过孩子的启蒙黄金期。

有人说“孩子大了就好了”，这是最大的谎言，只要当了妈妈，就永远没有“好了”的那一天。为什么永远有让我焦虑的问题？当你在思考这个问题时，要知道焦虑产生的本质来源于对不确定性的恐惧。

而孩子的成长本来就是不确定性的大集合，你永远不知道明天会遇见什么事。作为父母，我们就是在陪伴孩子度过一个又一个不确定，如果你总是为了不确定的事而焦虑，那你的焦虑永远不会到尽头，只会越来越多。

降低不确定性，能减少焦虑吗

我们错误地以为降低不确定性，就能减少焦虑。所以我们给孩子设计了自以为平坦的道路，希望孩子顺着我们设计的这条道路成长。但是孩子并不是机器人，他也有自己的想法，他总是会偏离我们设计的道路。父母与孩子的爱终将指向别离，我们迟早要分道扬镳。

而且，我们会对自己的精心设计与规划抱有不切实际的预期，我们沉醉于打造自己想象中的孩子，带着一副挑剔的眼光，去审视现实里的孩子，我们的亲子关系会因此陷入恶性循环。

“尊重式育儿”恰好可以破除这份焦虑。

所谓养育，是父母自我成长的一个过程。我们永远不要妄想去训练孩子成为我们想要的模样，我们的目标应该是成为更好的自己，也帮助孩子成为更好的自己，我们彼此放过，相互配合，相互成就。

这也是为什么本书一直在强调的，“尊重式育儿”是在训练妈妈成为更理解、尊重孩子的“天使妈妈”。

当你明白了养育的终极目标，你就不会把“自主入睡”“断夜奶”变成婴儿阶段的育儿终极目标；也不会把“说话早晚”“走路早晚”“背诗多少”“认字多少”变成幼儿阶段的育儿终极目标；更不会把“考了多少分”“做了多少题”作为教育终极目标；也就不会出现多年后把“逼婚”“逼生”作为是否孝顺的依据。

我们养育的终极目标是让自己变身为一个理解、尊重孩子的“天使妈妈”，在孩子需要帮助的时候，适时适度地引导；当孩子找到他自己的道路时，克制住自己的控制欲，悄悄退出，默默祝福。

保持适度的焦虑

其实适度的焦虑是件好事，它可以让我们对生活充满动力，也可以让我们对未来合理规划。但是为什么我们永远找不到适度的“度”在哪里?

如果焦虑值可以量化，我们对焦虑情绪的分析和管理就会容易许多。

假设每个人可以承担的适度焦虑值为10分。焦虑值低于5分，我们可能就会陷入对生活没有追求、没有目标的境地。焦虑值超过15分，我们就会疲惫、崩溃、难以应对，让我们身边的人都感觉到很紧张、很压抑。

我们如何科学、合理地去分配我们的10分焦虑值呢？这里可以运用清单管理法。你可以把目前令你感觉到焦虑的事情列成清单，根据它的严重程度、发生的概率进行分类，你会发现令我们焦虑的事情可以分为以下三类。

第一类焦虑：严重危害到孩子生命健康安全的事件。

第二类焦虑：从长远来看对孩子的品性、习惯、能力养成有一定危害的事情。

第三类焦虑：短期好像会影响孩子，实际影响并不大的事情，比如孩子因为单次没有睡够而哭闹，孩子比别人说话晚几个月，孩子比别人少报了几个兴趣班。

如何合理分配适度焦虑值

我们先来看一看正常的10分焦虑值应该如何合理分布在这三类焦虑中。

焦虑类型	第一类焦虑	第二类焦虑	第三类焦虑
分值	6分	3分	1分

而处于过度焦虑的父母往往会在第三类事情上格外焦虑，三类焦虑分布如下。

焦虑类型	第一类焦虑	第二类焦虑	第三类焦虑
分值	6分	3分	10分

可以看到过度焦虑的父母，仅第三类焦虑值就已经10分了，再加上第一类和第二类事情的焦虑值，父母所承受的焦虑值总分就达到了19分，如上文所说“超过15分，我们就会疲惫、崩溃、难以应对，并且会让我们身边的人都感觉到很紧张、很压抑”。也就是说，我们日常生活中的过度焦虑，大多来源于第三类事情，只要我

们可以消减第三类事情的焦虑值，我们的生活就会回归正常。

第三类焦虑的三种形态

形态一：害怕错过任何养育孩子的关键节点

- 如果你不全天抱着孩子，孩子就会缺失安全感。
- 如果你不给孩子做睡眠训练，孩子就会成长发育得不好。
- 如果你不给孩子报英语班，孩子就错过了最佳的语言启蒙期，永远说不好英语。

如果你的脑子里充斥着这样的思维模式，就会陷入灭火队队员的处境，哪里有火灭哪里，永远都有让你灭不完的火。当你看见这样的句式，首先要做一个反向的思考，思考一下这件事的机会成本和真实收益：你如果这样做，孩子会损失哪些其他的机会？

- 如果你全天抱着孩子，短期看好像你在牺牲、奉献，长远看孩子没有自己独立玩耍的机会。
- 如果你给孩子做睡眠训练，短期看好像能够解决你最紧急的睡眠问题，长远看依赖上“头痛医头，脚痛医脚”的思路，削弱了你建立系统的尊重式育儿底层逻辑的动力，让你忽略了大局观的养成。
- 如果你给孩子报英语班，短期看好像他比较早地学会了几个英语单词，长远看孩子也不会因为上了英语班就能浸泡在真正的英语环境里。

因此，不要盯着眼前，从长远考虑，我们要去思考实际的机会成本和真实收益，不要听到别人的恐吓、威胁就自乱阵脚，陷入过度焦虑。

形态二：总是把自己的孩子和“别人家的孩子”做比较

●别人家的孩子早就会自主入睡了，我的孩子还需要抱着才能睡着。

●别人家的孩子10个月就会走路了，我的孩子1岁多了还不会走路。

●别人家的孩子已经可以安安静静坐在那里做1小时数学题了，我的孩子却连10分钟都坐不住，就想着出去玩。

相信我们很多人从小就是活在“别人家的孩子”的阴影中，当父母横向比较的时候，总是喜欢拿着自己孩子的弱项去与别的孩子的长项比较。更有甚者，有的父母甚至将不同孩子身上的优点汇聚，构造出一个虚拟的完美人物，用这个虚构的完美形象去挑剔自己孩子身上的各种毛病。

这样的攀比对孩子毫无益处，他很难从自身出发做出改变，反而平添了很多本不该承受的压力。

为什么就不能坦诚地接受孩子身上的优点和缺点？即使要做对比，也是做纵向对比，这样你收获的将是惊喜，孩子收获的将是成长的内动力。

●我的孩子虽然还需要抱睡，但是他一天的睡眠总量比之前充足，情绪很好。

●我的孩子虽然1岁半才会走路，但是他练习站立，练习得非常扎实。

● 我的孩子虽然不喜欢安静地做数学题，但是他运动能力超强，擅长各项运动，身体超级棒。

形态三：提前焦虑下一阶段还没发生的问题

● 天哪，我的孩子马上4个月了，要进入传说中的睡眠倒退期了，我该怎么办？

● 天哪，我的孩子马上进入可怕的2岁了，我该怎么办？

● 天哪，我的孩子马上进入青春期了，我该怎么办？

孩子在每个年龄段都会有让你感到焦虑的问题，如果我们总是为了还没有发生的事情而过度焦虑，这份过度焦虑不仅对未来毫无帮助，反而更容易让我们忽略眼下的问题。

为了还没发生且不一定会发生的事情而焦虑，是杞人忧天。用复盘分析法来分析一下你以往的焦虑，你会发现有很多让你焦虑的事情并没有发生，或者即使发生了也能够轻松化解，并没有想象中那么困难。反而是你的提前焦虑放大了问题，增加了解决问题的难度。

我们要焦虑的是第一类焦虑与第二类焦虑，对于第三类焦虑则应该劝自己放轻松，用六重反思法多反思一下是不是自己的心态有问题，当你可以合理分配焦虑，并且多多自我反思，你会发现很多问题都不复存在了。

家庭管理术

“丧偶式育儿”破解法

“丧偶式育儿”这个词，短短的五个字，形象地道出了很多妈妈的无奈与辛酸。

丧偶式育儿

家庭教育中有一方明显缺失。

典型症状：

父爱如山，躺在沙发，
耍着手机，任娃哭闹，
一动不动，不闻不问！

从主观上来说，“丧偶式育儿”中的男人，他们的借口无非是“三无”：

- 无兴趣：我就是不喜欢带孩子。
- 无能力：我不会带孩子，我也不能喂奶，带孩子本来就是女人的事。
- 无精力：我天天忙着赚钱工作，哪来的时间和精力带孩子，快让我休息休息吧。

我从大量的案例中总结出了造成“丧偶式育儿”的原因，并给出了相应的解决办法。

1. 长辈带孩子导致爸爸角色缺失

我妈、我老婆、我丈母娘她们都在带娃，有时候我爸和我老丈人也会帮忙，根本不需要我做什么，而且我是这里面最没经验的人，让我帮忙带娃的话，那是越帮越忙，我就不要添乱了。

我妈和我老婆常为孩子的事情吵架，我呀，还是赶紧躲远一点儿吧！

解决办法：

孩子来到这个家庭，是作为新成员出现的，而不是家庭的中心。因此，父母需要做的是让孩子适应家庭生活的节奏，而不是让家里所有成员去适应孩子。孩子需要的是家庭，是爸爸妈妈，没有人可以替代爸爸的角色。

及时划清界限，爸爸和妈妈应该担负起来的是育儿主导者的责任。长辈可以在晚上、周末休息一下，出去散散步，给爸爸妈妈单独带孩子的机会。

2. 以工作为借口拒绝承担责任

我都工作一天了，很辛苦的，压力很大，回家需要休息。

解决办法：

爸爸要负起一定的养育责任，同时也要理解妈妈的辛苦。如果工

作太忙，可以在每天或每周中的固定一个时间和孩子进行互动，承担一定的养育工作。妈妈要明确、具体地给爸爸提出可量化的要求。与其说“你怎么不知道帮我分担一下”，不如说“你给孩子把尿不湿换了，换之前需要把孩子屁股用湿布擦干净，再涂护臀霜”。否则很多爸爸真的不知道自己能做什么、该做什么、该怎么去做。

3. 备受打击、观念不合后放弃带娃

我其实是很想带娃的！但是我什么都不会做呀！
一做就错！我有我的想法，但是我老婆不听啊！

解决办法：

让爸爸适当地参与到育儿中来，妈妈多多鼓励爸爸，给他机会成长。抱怨解决不了问题，只能让他觉得莫名其妙、很委屈，甚至逆反。适当的夸奖会让他颇有一股身为爸爸的自豪，才会自觉自愿地担起爸爸的责任。

同时，夫妻双方要及时沟通孩子的成长情况和想法，带娃之路很辛苦，需要夫妻两人的共同努力才行。

隔代育儿之困

很多家庭因为经济压力等原因，不得不请长辈帮忙带孩子。由此就产生了各种各样的矛盾，隔代育儿成了绕不开的热点话题，家家有本难念的经。

缓解隔代育儿矛盾，要从理解老人带孩子的出发点入手。对于大部分家庭而言，爸爸妈妈带孩子的目标是培养孩子独立生活的能力，孩子可以成长为一个人格健全的人，以后可以在社会上立足。而老人带孩子的目标是孩子不哭，吃饱喝足，让我方便带，让我开心就可以。

出发点的不同直接导致带孩子过程中方方面面的差异：父母想的是更长远的事，希望孩子可以成为一个自律、独立的人，希望他知道有些规则是需要遵守的，希望他知道在一定边界内的自由才会给他带来真正的快乐。而大多数老人想到的是当下的事，他们只希望孩子健健康康，不哭不闹，如果孩子哭闹，就说明是自己没有照顾好。

当你理解了老人带孩子的出发点，你就会发现老人的育儿目标和观念很难改变，这也决定了你无法对他具体的行为做过多的干预。如果过多挑刺、指责，难免有“站着说话不腰疼”的嫌疑，并且会给老人一种“被嫌弃”的感觉。

在育儿压力和成本都很大的环境下，当我们需要请老人帮忙照顾孩子时，要心怀感激，感谢他们的帮助。对于一些开明的老人，可以试着让他们学习科学育儿的方法；但对于比较保守的老人，尽量不和他们发生冲突，在和孩子单独相处的时间中，尽量做一些矫正。发现问题时，一家三口来解决问题，避免在老人面前起争执。

以我自己为例，缓解隔代育儿矛盾有这样5个小技巧。

1. 嘴要甜

我经常夸赞婆婆有耐心，照顾孩子非常辛苦，并一再强调婆婆帮了我们很多忙，把家里收拾得井井有条，让我们轻松了很多。经常夸赞婆婆，会给婆婆被尊重的感觉，让她觉得她的辛苦没有白费。

2. 分担烦恼

我们会经常和婆婆沟通，关心她近期有没有不舒服的地方或者烦恼，然后站在她的角度帮她分析问题，出出主意，让她切实体会到我们的关心。

3. 抓大放小

即使看到了婆婆和我们有观念不符的小细节，只要不是原则底线问题，我们都会睁只眼闭只眼。人无完人，我们可以扪心自问：我的观念就一定是完美无缺的吗？我经常和老公在下班路上互相开解，比如老公对婆婆做的一些事情不太满意，我会劝他："一个人在家带娃真的很辛苦，更何况妈还把家里收拾得井井有条，回家你还能吃上热饭，就这一点，让我做我都不一定能做好，所以遇到这种小问题我们做得还不如妈做得好呢！"

4. 要有仪式感，定期送小礼物

看到我们买礼物，长辈大多会说："别浪费钱，我不需要！"千万不要把这话当真。他们嘴上说着不要，收到礼物时心里还是美滋滋的。比如我给婆婆送了一套新衣服，她前脚还在说："不用不用，买这么贵的衣服干吗呀！"后脚我就听见她和好友视频炫耀："看我儿媳妇给我买的新衣服，商场买的，很贵的，不错吧！"老人还真是很可爱呢！

5. 将自己的育儿目标与长辈的育儿目标并轨，形成双赢

众多妈妈在对孩子进行规律作息后，都反馈规律作息也是化解隔代育儿矛盾的一大利器。当规律作息呈现效果的时候，老人也会发现孩子哭闹少了，带起来更轻松了，反而会配合新手爸妈一起帮孩子稳定作息呢！

仔细想想，规律作息让育儿变得轻松，这不正好达到了老人

带孩子的目标——孩子不哭不闹、吃饱喝足、心情棒棒，让我方便带，让我开心嘛？！所以巧妙地把我们的目标和老人的目标并轨，从老人的立场出发，才能形成双赢，真正从根源化解隔代育儿矛盾。

参考书目

[1] 贝南罗特. 从0岁开始[M]. 林慧贞，译. 广州：广东经济出版社，2005.

[2] 罗伯特S. 费尔德曼. 儿童发展心理学[M]. 苏彦捷，等译. 北京：机械工业出版社，2019.

[3] H. 鲁道夫 · 谢弗. 儿童心理学[M]. 王莉，译.北京：电子工业出版社，2016.

[4] 劳拉 · E.伯克. 伯克毕生发展心理学[M]. 陈会昌，等译.北京：中国人民大学出版社，2014.

[5] 珍妮特 · 冈萨雷斯-米纳，黛安娜 · 温德尔 · 埃尔. 婴幼儿及其照料者[M]. 张和颐，张萌，译. 北京：商务印书馆，2016.

[6] 特蕾西 · 霍格，梅琳达 · 布劳.实用程序育儿法[M]. 张雪兰，译. 北京：北京联合出版社，2015.

[7] 斯蒂文 · 谢尔弗. 美国儿科学会健康育儿指南（第六版）[M]. 陈铭池，周莉，池丽叶，等译. 北京：北京科学技术出版社，2018.

[8] 帕梅拉 · 德鲁克曼. 法国妈妈育儿经[M]. 李媛媛，译. 北京：中信出版社，2012.

[9] 安妮特 · 卡斯特-察恩，哈特穆特 · 莫根罗特. 每个孩子都能好好睡觉[M]. 颜徽玲，译. 北京：中信出版社，2012.

[10] 特蕾西 · 霍格. 婴语的秘密[M]. 天津：天津社会科学院出

版社，2011.

[11] 马克・维斯布朗. 婴幼儿睡眠圣经[M]. 刘丹，等译. 南宁：广西科学技术出版社，2011.

[12] 林奂均. 百岁医师教我的育儿宝典[M]. 许惠珺，译. 台北：如何出版社，2016.

[13] 许惠珺. 这样做宝宝超好带[M]. 台北：声道出版社，2010.

[14] 黄正瑾. 喂，请问百岁医师在家吗？[M]. 台北：如何出版社，2010.

[15] 马蒂亚波门. 丹玛医师说[M]. 许惠珺，译. 台北：声道出版社，2016.

[16] 理查德・法伯. 法伯睡眠宝典[M]. 戴莎，译. 杭州：浙江人民出版社，2013.

[17] Brown. A.，& Fields. D.Baby 411 （8th ed.）：Clear Answers & Smart Advice for Your Baby' s First Year[M]. Windsor Peak Press，2018.

[18] Ezzo. G.，&Bucknam. R. On Becoming Babywise （25th Anniversary ed.）：Giving Your Infant the Gift of Nightime Sleep[M]. Parent-Wise Solutions， Incoporated，2017.

[19] Hogg. T.Secrets of the Baby Whisperer： How to Calm，Connect， and Communicate with Your Baby[M]. Ballantine Books，2005.

[20] Bowman. M.Dr. Denmark Said it![M] . Caring for Kids，

Inc., 2015.

[21] Karp. H.The Happiest Baby on the Block; Fully Revised and Updated Second Edition： The New Way to Calm Crying and Help Your Newborn Baby Sleep Longer[M]. Bantam，2015.

[22] Ferber. R.Solve Your Child's Sleep Problems[M]. Vermilion，2013.

[23] Weissbluth. M. Healthy Sleep Habits， Happy Child （4th ed.）： A Step-By-Step Program for a Good Night's Sleep[M]. Ballantine Books，2015.

[24] Mindell. J.Sleeping Through the Night， Revised Edition： How Infants， Toddlers， and Their Parents Can Get a Good Night's Sleep[M]. William Morrow，2005.

[25] Sears. W.The Baby Book： Everything You Need to Know About Your Baby from Birth to Age Two[M]. Little， Brown & Company，2013.

[26] Pantley. E. The No-Cry Sleep Solution： Gentle Ways to Help Your Baby Sleep Through the Night[M]. Little，McGraw-Hill Professional，2002.

诗遥一妈
规律作息28天实操方案

诗遥一妈 著

中国妇女出版社

目 录

28天规律作息进程表

阶段	时间	重点	具体执行	注意事项
第一周观察、记录、分析	1～3天	记录宝宝的生活	【吃】记录宝宝现有的吃奶间隔 【玩】记录宝宝的清醒时间 【睡】睡眠问题排查	不照搬他人表格，分析孩子自身的作息规律，制订专属作息表
	4～5天	重点问题分析	【吃】记录吃奶时长、夜奶次数、夜奶时长、晨奶和睡前奶时间 【玩】分析宝宝在清醒时间段的“放电”情况 【睡】观察宝宝的睡眠信号、记录睡眠总时长、白天小睡、夜觉情况	
	6～7天	制表	整理目前宝宝存在的问题，分析原因，制订预期目标，评估预期是否合理，调整预期，制订专属宝宝的作息计划表	

续表

阶段	时间	重点	具体执行	注意事项
第二周调整作息阶段	8~12天	建立消化周期	【吃】固定喂奶间隔，防止孩子边吃边睡 【睡】打通作息，戒奶睡，采用除奶睡以外的其他哄睡方式，检查全天睡眠时长，分析白天小睡和夜觉问题	执行过程中，作息表仅供参考，前后有各半小时弹性时间，以宝宝当下状态为判断要点，决定是否要使用弹性，使用多大的弹性
	13~14天	复盘	【吃】每次喂奶充分，注意观察、记录喂奶时长和喂奶间隔的联系 【睡】固定睡前仪式，寻找睡眠信号，找到最佳哄睡时机	
第三周巩固细化阶段	15~18天	建立生物钟	【吃】延长喂奶间隔 【玩】注意宝宝大运动发展，在清醒时间给予充足的练习 【睡】改变哄睡方式，戒抱睡；尝试接觉	睡眠引导必须建立在作息稳定、喂奶间隔稳定、吃和睡切割开、每次吃奶充分的基础之上
	19~21天	机动调整	根据不同父母的风格和孩子性格，本周时长仅供参考；对于进度较慢的孩子，需要将本周睡眠引导内容一直延伸至下一周	

续表

阶段	时间	重点	具体执行	注意事项
第四周查漏补缺阶段	22~28天	细化	【吃】延长喂奶间隔 【玩】完善与孩子的互动环节内容，培养孩子独立自主玩耍的能力 【睡】分析夜醒原因，减少夜奶次数；减少干预，引导自主入睡，了解睡眠倒退，学习如何让孩子并觉	固定晨奶时间；减少夜奶次数；自主入睡属于比较高的要求，对于前3周完成度高的4月龄以上的宝宝可以尝试
	对于前3周还有遗留问题的宝宝，本周为查漏补缺、继续坚持解决问题的阶段			

第 1 周：观察、记录、分析

本阶段重点

找到孩子现有作息规律；熟悉孩子不同需求的表达方式。

本周将解决的问题

孩子的作息问题；作息计划表的制订。

具体操作

第 1 ~ 3 天

观察、记录宝宝的情况

1. 记录宝宝的生活状态：包括吃奶时间、清醒时间、睡觉时间、大小便情况。

2. 睡眠过程全记录：在宝宝的床头放一个监控器，如手机、摄像机等，录下宝宝入睡时的表现、需要接觉时的表现，记录宝宝深浅睡眠转换的时间点，以及从入睡到醒来哭闹的时长。

3. 记录并判断睡眠信号，确定最佳哄睡时间点：在宝宝准备入睡之前10分钟开始，录下他的犯困表现，比如打哈欠、揉眼睛、哭闹等，尝试在不同表现下哄睡，看哪个时间点哄睡最容易，哪个时间点之后比较困难，并记录哄睡方法、哄睡时长、接觉方法、接觉时长。

4. 进行安抚方法实验：尝试在宝宝哭闹时使用安抚方法，建议按照优先级试用，也可以自己组合变型，看看哪种更有效。

5. 排查宝宝的睡眠问题：可以结合上述记录内容，通过拍照片自查，也可以参考《宝宝睡眠问题排查表》（见下一页）进行自查。

第4～5天

将前3天记录下来的信息进行整理，并回答以下问卷：

规律作息初期观察问卷

① 宝宝早晨醒来的时间是几点？

② 宝宝晚上入睡的时间是几点？

宝宝睡眠问题排查表

- 睡眠环境中是否有太强、太刺激的噪声？
- 睡眠环境中是否有太强烈的光线刺激？
- 宝宝最近是否发生过便秘、腹泻、胀气、肠绞痛？
- 宝宝是否有过敏反应、湿疹？
- 宝宝是否发热，患感冒、中耳炎、咳嗽等疾病？
- 宝宝是否吐奶？
- 宝宝是否每天固定时间点哭闹？
- 宝宝是否处于猛长期、长牙期、翻身期等特殊时期？
- 宝宝入睡环境与醒来环境是否一致？
- 尿不湿是否舒适？宝宝有无漏尿、红屁股等情况？
- 床上是否杂物过多？有无窒息风险？
- 室内温度、湿度是否合适？
- 宝宝近期是否接种了疫苗？
- 近期主要照料者是否更换？
- 家里是否有特殊情况，比如：搬家、外出、访客？
- 宝宝的睡眠总量是否足够？白天和晚上睡眠量分配是否合理？
- 宝宝在清醒时间段“放电量”是否充足？宝宝是否全天被抱着？
- 宝宝睡前是否过度兴奋？是否有使情绪平复的睡前仪式？
- 睡前仪式的时长是否足够让宝宝的情绪平复？
- 宝宝夜醒几次？是否每次夜醒都喂了夜奶？是否每次都是真的饿了？
- 夜醒后是否有喂安抚奶？是否有习惯性夜醒的趋势？
- 父母是否过度焦虑敏感，给宝宝制造了额外的睡眠问题？
- 白天小睡时长是否有过长或过短的情况？
- 宝宝是否出现昼夜颠倒？
- 你对宝宝的睡眠预期是否过高，不符合实际？
- 你是否放大了眼前的问题？
- 你自己是否睡眠充足？是否给自己留出放松的时间？
- 你是否能冷静分析孩子哭闹的原因，不给自己上道德枷锁？
- 你对自己的时间、情绪是否进行管理？
- 你有记录孩子日常作息的习惯吗？你是否给孩子引导了规律作息？

③喂奶间隔（从本次开始喂奶算起，到下次开始喂奶结束）多长时间合适？

④宝宝的单次吃奶量、吃奶时长是否足够？

⑤想要保证宝宝全天精神状态良好，需要多长时间的睡

眠？白天和晚上的睡眠时间分别是多少？白天小睡几次合适？目前还差多少？

⑥ 什么时间喂睡前奶？睡前奶量是多少？

⑦ 每晚夜奶喂几次？夜奶时间间隔是多长？

⑧ 单次亲喂充足的夜奶量是多少？喂奶间隔是多长时间？单次奶瓶喂充足的夜奶量是多少？喂奶间隔是多长时间？

⑨ 宝宝晚上吃夜奶有几次是因为真正饿了？有几次只是起到安抚作用？

⑩ 晚上的夜奶是否喂得充足？有没有边吃边睡，睡一会儿又起来吃的情况？

⑪ 在夜奶喂充足的情况下，宝宝可以继续睡多久？

⑫ 宝宝睡到半夜哼哼唧唧、扭来扭去时，你是否给宝宝尝试接觉、再次入睡的机会？

通过下表，将上面问题的答案进行整理分析。

宝宝作息规律分析表

情况	单次时长	总次数	表现	问题分析
单次喂奶				
喂奶间隔				
白天小睡				
夜觉				

注：在上表中填写前3天记录数值的平均值即可。

第6～7天

制订规律作息及睡眠引导计划

1.确定喂奶间隔。

2.大致确定晨奶和睡前奶，留出弹性时间。（4月龄以下的宝宝可以先不固定晨奶，只要间隔固定即可。）

3.设定小睡目标，包括小睡次数、单次平均时长、总时长。

4.排除干扰，如果家里还有其他照料孩子的人员（比如老人、月嫂），可以将计划表张贴在房间内最显眼的地方，让全家一起执行。

如果其他人不能按照计划执行甚至干扰计划，可以在规律作息的前2周，请他尽量离开，减少探视干预，等孩子作息规律后，再参与进来。记住：保证稳定一致的环境会让你的计划事半功倍，不一致的环境会让你举步维艰。

根据前面的分析排查，填写下面的作息计划表。

×××的作息计划表（×小时/周期）

喂奶周期	时间	事项	备注
第一周期		晨奶	
		清醒	
		睡眠	

续表

第二周期		喂奶	
		清醒	
		睡眠	
……			
第N周期		睡前奶	
		夜晚入睡	

表中时间为计划参考时间，在规律作息初期，弹性较大，只要保证间隔即可，不用在具体时间点上焦虑。备注可以补充该段时间内的活动安排或者行动重点，比如在清醒时间段带孩子散步、做些运动练习、独立玩耍等。

本周结束后应该达到的目标

- 能够初步判断宝宝需求。
- 制订好下周作息计划表，做到心中有数。

第 2 周：调整作息阶段

本阶段重点

延长喂奶间隔；固定白天周期；找到睡眠信号；确定最佳哄睡时机。

本周将解决的问题

昼夜颠倒；点心奶；过度喂养；因规律紊乱引起的胀气；判断宝宝的哭声。

具体操作

根据本周作息计划表，有弹性地执行计划。

弹性指的是计划时间的前后半小时，比如你定的是早晨8：00吃奶，那么7：30～8：30之间都算在规定时间内吃奶。如果前一个周期提前喂奶，那么后面的周期可以尝试把喂奶时间稍微延后，让睡前奶时间和计划表保持一致。

如果当天有特殊情况或宝宝状态不佳时，可以根据具体的情况放弃当天的计划，第二天再从头来！

第8～10天

延长固定喂奶间隔

1.将你上周观察到的喂奶间隔循序渐进地延长至新的作息计划。

以刚满月的A宝为例，A宝没有规律作息前，单次吃奶时长10分钟，吃奶间隔1个半小时，A妈计划执行2个半小时间隔。

循序渐进的方式：尝试每次喂奶都延长吃奶时长3～5分钟，直至单次喂奶时长可以达到20～30分钟。喂奶间隔每次向后延5～10分钟，从1个半小时增加至1小时40分钟、1小时50分钟……最终达到2个半小时。如果没到喂奶时间，孩子哭闹，可以用抱抱、拍拍等方式转移孩子的注意力，尽量坚持到喂奶时间的弹性范围内再喂。

2.当喂奶间隔达到目标后，巩固2天，宝宝的消化周期基本固定。

3.对于4月龄以下刚开始培养规律作息的宝宝，晨起时间无法确定，固定晨奶时间有难度，可能会导致每天的喂奶时间无法固定下来。此时可以先固定喂奶间隔，等到宝宝晨起时间稳定后，再去固定晨奶时间，进一步固定每天的喂奶时间。

第11～14天

切割吃奶和睡觉的联系

1.对于有奶睡习惯的妈妈，这3天要保证孩子不是边吃边睡，每次吃饱且吃完后孩子是清醒的。

如果无法在一个周期内完美地做到“吃—玩—睡”，只要保证切割开吃奶和睡觉联系就好。即先保证宝宝吃完奶后哪怕清醒一会儿再睡。

2.如果孩子小睡太短，可以尝试接觉，如果实在接不上也不用焦虑，可以让他起来玩一会儿，把作息规律变形成“吃—玩—睡—玩—吃”或“吃—玩—睡—玩—睡—吃”，只要喂奶间隔固定即可。

3.白天小睡可以参考书中第204页《不同月龄睡眠需求参考值》，对于3月龄以下的宝宝，单次小睡时长不要超过3小时，3月龄以上的宝宝单次小睡控制在2.5小时以内。

4.不用刻意强调每次小睡时长必须均等。很多孩子早晨的小睡时长短一些，下午的小睡时长长一些。因为黄昏觉接近夜觉，所以需要控制黄昏觉的时长和时间点，不能太长或者拖到太晚。每天白天的小睡只要总时长合适，孩子精神状态良好即可。

5.表中所给的数值均为平均参考值，每个宝宝个体差异很大，最重要的还是要以宝宝的精神状态作为判断标准。如果宝宝每次醒来情绪较好，黄昏时分没有大哭大闹、烦躁不安，生长曲线良好，即表明宝宝睡眠量足够。

6.如果宝宝每次醒来都哭哭啼啼、精神萎靡、眼神呆滞，黄昏闹现象严重，妈妈则需要考虑宝宝白天睡眠量是否不足。

在执行过程中可以回答下面的问卷，制订当下行动计划。

规律作息中期反馈问卷

吃 · 时间段的总结分析：

①每次的喂奶时间是多长？

②左右换边情况如何？

③宝宝吃奶时是否专心？

④每次喂奶是否能保证孩子吃饱？

⑤晨奶和夜奶是否固定下来？

⑥夜奶是习惯性夜奶还是必要性夜奶？

玩 · 时间段的总结分析：

①每个周期清醒时间是多长？是否有过长或过短的清

醒时长？

②每天安排了哪些玩耍活动？是否让孩子充分“放电”？

③有没有给孩子独自玩耍的时间？

④孩子在玩耍过程中有什么表现？

睡·时间段的总结分析：

（1）白天小睡

①每天小睡几次？

②接觉情况如何？

③孩子有什么样的睡眠信号？

④哄睡方式是否需要改变？

（2）夜觉

①每晚夜醒几次？

②每次醒来孩子的真实需求是什么？

③你是如何满足孩子的需求的？

④你对夜醒次数的预期目标是什么？

⑤你觉得夜醒和白天周期有什么联系？

通过回答上述问题，分析目前还剩下的问题有哪些，你的目标是什么样的，计划如何改进，可以列以下计划表。

问题1：	
目标1：	
计划1：	
……	
问题N：	
目标N：	
计划N：	

以上目标和计划即为后面2周的执行内容，执行方法为：

1.每次选一个最容易实现的目标，执行该项目标对应的计划，3天后回顾效果。

2.如果有效果，再增加一个目标与计划，执行时间也是3天，每周完成1～3个目标；如果没有效果，或者情况变得更糟糕，对比之前的记录，复盘分析问题，调整预期，制订新的目标计划。

本周结束后应该达到的目标

- 白天消化周期稳定，喂奶间隔固定。
- 吃和睡切割开，“吃—玩—睡”程序初步建立。
- 夜奶间隔应该大于等于白天喂奶间隔。

（如果小于白天喂奶间隔，需要判断孩子的夜醒原因，用除了喂奶以外的方式安抚哄睡。）

第 3 周：巩固细化阶段

本周重点

改变哄睡方式；延长小睡；分析夜醒原因。

本周将解决的问题

戒抱睡；解决接觉难题；减少习惯性夜醒。

具体操作

经过上一周的调整，宝宝的作息已经基本固定下来，喂奶间隔已经大体固定，可能存在一些弹性空间。

此时会出现两种情况：

1. 如果弹性空间还比较大，本周需要慢慢地将弹性缩小。

2. 如果弹性很小，喂奶间隔已经非常稳定，可以开始尝试固定晨奶，进而固定一整天的所有喂奶时间。2月龄以上的宝宝可以开始在4小时间隔的基础上一点点延长间隔时间。

本周开始要重点解决睡眠问题了。

睡眠问题是新手爸妈的心头之痛，很多家长急于给孩子做睡眠引导，却忽略了睡眠引导的前提是规律作息已经稳定，父母已经可以相对准确地判断孩子的需求。所以，如果你已经让前2周规律作息稳定下来，就可以进行下面的内容；如果还没有让规律作息稳定下来，请先完成规律作息。

第 15 ~ 16 天

改变哄睡方式。（具体见书中第162页至177页。）

第 17 ~ 18 天

尝试接觉。（具体见书中第186页至187页。）

第 19 ~ 21 天

戒掉习惯性夜醒：分析夜醒原因，只在确定孩子饿了时喂奶，其他时间段减少干预。遇到孩子睡觉时哼哼唧唧或扭来扭去，不要干预，可以先观察，孩子开始大哭后再安抚哄睡。

本周结束后应达到的目标

- 孩子能在床上入睡。
- 巩固规律作息。
- 接觉有一定的成功率。
- 夜奶控制在1～3次，只喂必要性夜奶。

第 4 周：查漏补缺阶段

本周重点

自主入睡培养；清醒时间的亲子互动；孩子自主玩耍培养；适应突发情况；面对睡眠问题反复和睡眠倒退；找回自己的生活。

本周将解决的问题

自主入睡；互动早教；减少夜奶次数；应对睡眠倒退情况；父母学习时间管理和情绪管理。

具体操作

在这周，孩子的规律作息已经稳定，睡眠问题大多数得到解决，此时父母需要考虑一下自己的生活，并回答下面的问卷：

规律作息后期问卷

①每天完全属于你的时间段分别是什么时间？总时长有多少？

②你是怎么安排你的时间的？都做了哪些事情？

③你需要的睡眠量是多少？是否达到？

④你需要多长时间来娱乐、放松？是否达到？

⑤什么事情可以让你放松心情？

⑥什么事情可以让你发泄情绪？

⑦在与爱人、长辈关系处理上存在什么难题？

⑧你计划如何去利用自己的时间？

第 22 ~ 25 天

自主入睡引导

经过上周哄睡方式的改变，很多妈妈已经可以做到床哄。不管此时你用到的方式是陪睡、拍拍、白噪音还是安抚奶嘴，进入到这一阶段后都要开始慢慢地减少干预的次数、时长，给孩子一些自主入睡和自己接觉的机会。也就是说，在此阶段，孩子入睡前和睡眠途中，如果出现哼哼唧唧或者扭来扭去的动作，请暗中观察，不要急于冲上前，多等一会儿，看看孩子能不能自己搞定。只要成功一两次，你就可以更加“佛系”一些，给孩子更多的时间和机会再次尝试。

完善亲子互动环节，给孩子独立玩耍的机会

注意改善照料环节的亲子互动，与孩子建立健康的依恋关系。每天给孩子留出独自玩耍的时间，培养孩子的自主独立性。

延长喂奶间隔

如果孩子的消化周期延长，重新制订作息计划表，顺应孩子的需求规律。

第26～28天

夜奶的分析与戒除

夜奶次数是否合理？是否每次喂夜奶都是因为孩子真的饿了？每次的夜奶是否充足？

如果想要拉开夜奶间隔，可以从拉开白天间隔入手。

断夜奶可以从孩子4个月以后逐步尝试，不用强求。其实很多孩子可以做到白天喂奶间隔4小时以上，并且会自己主动断夜奶，给爸爸妈妈惊喜，所以爸爸妈妈不用过于焦虑。对于6个月以下的宝宝，保留每晚1次必要性夜奶也属正常。加了辅食后，如果仍需晚上喂夜奶，可以考虑将夜奶彻底戒除。

睡眠倒退和睡眠问题反复

好的作息习惯和睡眠习惯不是一劳永逸的，好不容易调整好的作息，很容易因为他人介入、特殊情况、睡眠倒退期、猛长期、长牙期等打乱，出现倒退和反复。家长需要静下心来分析原因，重新调整作息。经过这28天的调整，后面再需要重新调整时，都是小菜一碟，只需认真观察、随机应变即可很快找回状态。

特殊情况

过年、访友、出游、打疫苗、早教等特殊情况，很容易打乱宝宝形成的规律作息。可以在日程安排上优先考虑孩子的作息时间，结合作息时间安排相关活动。如果作息被打乱，以孩子当下的状态和需求为判断标准，及时满足孩子的需求，不用强行按时间表来执行。特殊情况结束后，再用几天调整回来即可。

一般当孩子作息达到4小时间隔，并且可以自主入睡时，外出活动对孩子作息的影响也会变得很小。在养成规律作息的初期，尽量不要有太多的特殊情况出现。

自己的生活

本周你会发现自己的生活开始有节奏，步入正轨，可以给自己安排一些放松活动，不用全天围着孩子打转，你和孩子都需要自己独立的空间。

经验帖与福利课程

为了更好地帮助新手爸妈将书中的理论落地为实操，本书附赠了一系列超值电子版内容，包括经验帖、访谈节目、免费课程、优惠券等，请扫描下面的二维码，关注公众号“诗遥一妈育儿”，并在公众号回复相对应的密码，即可获取。

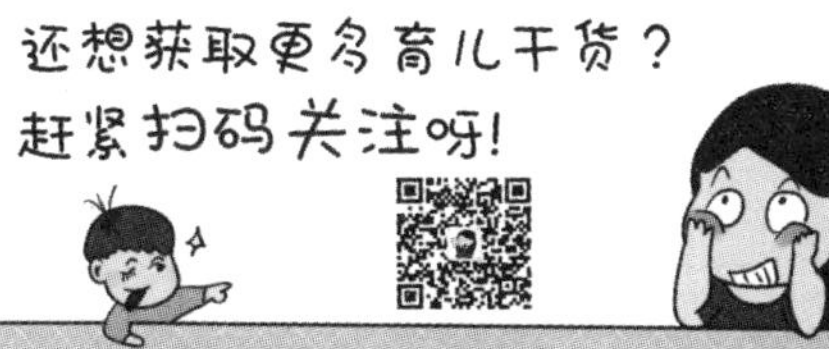

5篇精选经验帖

在精挑细选的5篇经验帖里，你可以看到5位不同风格的妈妈针对自己宝宝的具体情况，对于尊重式育儿与规律作息的理念和方法做出的变型，也可以看到她们在规律作息过程中的共通之处，相信可以让正在阅读本书的你收益甚多。目录如下：

第一篇　小团子妈妈：自主入睡的7个要点

第二篇　壹壹妈妈：规律作息三步法与接觉

第三篇　娜妈：精简至上，我的极简哄睡法

第四篇　呱妈：我的佛系养娃法

第五篇　心宝妈：我的规律作息之山路十八弯

经验帖易懂且方法多样，建议你先通读一遍，在实操过程中在反复品味，不要急于直接套用方法，多思考这几位妈妈使用这个方法时的思路是什么。

以上5篇精选经验帖已经帮助了上万新手爸妈实现“尊重式育儿”，在公众号“诗遥一妈育儿”后台回复密码“555”即可阅读。

2篇案例分析报告

案例分析报告是由一妈团队从上万咨询案例中挑选出来的2个典型案例，分为《小月龄典型案例分析》和《大月龄典型案例分析》两篇。在阅读案例分析的过程中，你可以站在咨询师的角度重新审视小月龄和大月龄宝宝的常见典型问题，学习面对典型问题的解决思路以及对宝宝生活记录图表的分析方法。

在公众号“诗遥一妈育儿”后台回复密码“222”即可阅读。

《新手爸妈有话说》访谈栏目（持续更新）

《新手妈妈有话说：轻松育儿的秘密》这个栏目将请到很多非常有经验的爸爸妈妈，通过访谈的形式，和大家分享自己的育儿心得。相信可以帮助很多处于迷茫中的新手爸妈，尽快地享受到轻松育儿带来的快乐。

在公众号“诗遥一妈育儿”后台回复密码“777”即可收听。

3 节随书免费课程

课程一：1456中五大科学分析方法的实操运用

在公众号“诗遥一妈育儿”后台回复获课密码“1456”即可收听。

课程二：小月龄止哭法

在公众号“诗遥一妈育儿”后台回复密码“111”免费获取。

课程三：不同月龄运动练习教学指导

在公众号“诗遥一妈育儿”后台回复密码“333”免费获取。

2张随书优惠券

凡购买本书的读者，均可获得付费课程及相关咨询服务现金抵扣券2张。

优惠券一：30元抵扣券

消费满300元可用，不可叠加使用，在公众号“诗遥一妈育儿”后台回复密码“30030”获取抵扣券。

优惠券二：50元抵扣券

消费满500元可用，不可叠加使用，在公众号“诗遥一妈育儿”后台回复密码“50050”获取抵扣券。